固废基高铁硫铝系胶凝材料及
免蒸压轻质混凝土制备技术

姚星亮　著

中国原子能出版社

图书在版编目（CIP）数据

固废基高铁硫铝系胶凝材料及其免蒸压轻质混凝土制
备技术 / 姚星亮著. --北京：中国原子能出版社，
2023.6
　　ISBN 978-7-5221-2776-7

Ⅰ.①固… Ⅱ.①姚… Ⅲ.①轻质混凝土–制备–研
究 Ⅳ.①TU528.2

中国国家版本馆 CIP 数据核字（2023）第 164390 号

固废基高铁硫铝系胶凝材料及免蒸压轻质混凝土制备技术

出版发行	中国原子能出版社（北京市海淀区阜成路 43 号　100048）
责任编辑	张　磊
责任印制	赵　明
印　　刷	北京金港印刷有限公司
经　　销	全国新华书店
开　　本	787 mm×1092 mm　1/16
印　　张	11.75
字　　数	179 千字
版　　次	2023 年 6 月第 1 版　2023 年 6 月第 1 次印刷
书　　号	ISBN 978-7-5221-2776-7　　定　价　72.00 元

网址：**http://www.aep.com.cn**　　　E-mail：**atomep123@126.com**
发行电话：**010-68452845**

作者简介

　　姚星亮，男，汉族，1991 年 10 月出生，籍贯为山西省平遥县；2021 年 9 月毕业于山东大学能源与动力工程学院，博士研究生学历，攻博期间获"国家建设高水平大学公派研究生"项目资助赴荷兰代尔夫特理工大学环境与材料系联合培养；2021 年 10 月以特聘副教授身份加入中北大学能源与动力工程学院，目前主要从事固废基水泥熟料、碱激发混凝土、轻质保温材料等建筑材料的制备及应用，固废超微粉化处理及应用等大宗工业固废资源化利用的相关研究工作；迄今为止，在 *Journal of Cleaner Production*、*Construction and Building Materials*、*Journal of Environmental Management*、等国际知名期刊及《钢铁研究学报》发表论文 10 余篇，获授权国家发明专利 10 余项，主持省部级项目 2 项，参与国家重点研发计划项目 2 项。

符号说明

A	Al_2O_3	AAC	蒸压加气混凝土
C_2AS	钙铝黄长石（铝硅酸钙）	C_3A	铝酸三钙
$C_4A_3\bar{S}$	硫铝酸钙	$C_4A_{3-x}F_x\bar{S}$	硫铁铝酸钙
$C_4A_{3-x}F_x\bar{S}$-c	立方型硫铁铝酸钙	C_4AF	铁铝酸钙
$C_4A_{3-x}F_x\bar{S}$-o	斜方型硫铁铝酸钙	$C_{12}A_7$	铝酸钙
C_2S	硅酸二钙	C_m	碱度系数
$C_5S_2\bar{S}$	硫硅酸钙	CT	钛酸钙
CS	硬脂酸钙	F	Fe_2O_3
FR-SAC	高铁硫铝系胶凝材料	f-CaO	游离氧化钙
HPMC	羟丙基纤维素醚	LCA	生命周期评价
NA-LWC	免蒸压轻质材料	PCE	聚羧酸高效减水剂
RQPA Rietveld	全谱拟合定量分析	$\bar{S}$	SO_2
S	SiO_2	SO	油酸钠
SMS	甲基硅酸钠	SAC	硫铝系胶凝材料
T	TiO_2	α'-C_2S	α'型硅酸二钙
β-C_2S	β型硅酸二钙	γ-C_2S	γ型硅酸二钙

前言

　　我国大宗工业固废的产量大、涉及面广、环境危害大，是限制我国经济绿色转型发展的瓶颈之一。推进大宗工业固废资源化利用对提高资源利用效率、改善环境、促进经济社会发展全面绿色转型具有重要意义。但是，大宗工业固废不稳定的理化性质、有限的资源化利用量及较高的处理成本等限制了其资源化利用的大规模应用，因此开发固废覆盖面广、产品性能稳定且高附加值的创新型工业固废利用技术是实现工业固废资源化、高值化利用的关键。

　　本书采用典型固废协同互补的创新理念，利用脱硫石膏、电石渣、赤泥、铝型材电镀污泥和粉煤灰间的化学组成协同，制备得到性能稳定的高铁硫铝系（ferric-rich calcium sulfuraluminate，FR-SAC）胶凝材料，再利用 FR-SAC 的性能特点，与脱硫石膏再次协同制备得到免蒸压轻质混凝土（non-autoclaved lightweight concrete，NA-LWC），最后将其扩展至中试线建设和试验，并使用生命周期评价的方法对其设备工艺进行优化，建立工业固废制备 FR-SAC 和 NA-LWC 的低碳、节能、高效的生产工艺体系。

　　基于此，本书对固废基高铁硫铝系胶凝材料及免蒸压轻质混凝土制备进行试验研究，全书开展的工作如下。

　　（1）探究了脱硫石膏、电石渣、赤泥、铝型材电镀污泥和粉煤灰的热分解特性、少量元素及矿物组成对其制备 FR-SAC 熟料的矿物组成的影响机制，从矿物形成角度证明了固废制备 FR-SAC 熟料的可行性；以固废为原料制备 FR-SAC，揭示煅烧工艺和原料配比对 FR-SAC 熟料的矿物种类和含量的影响规律，以得到性能良好的 FR-SAC。

　　（2）以化学试剂为原料制备 FR-SAC 熟料，揭示了 CaO 和 $CaSO_4$ 对 FR-SAC 熟料中含铁矿物形成的影响规律，提高熟料中 Fe_2O_3 和 Al_2O_3 的有效利用率，促使含铝较低的矾土或固废可用于制备 FR-SAC。当原料中参加反应的 CaO 的含量减少或 $CaSO_4$ 含量增加时，熟料中的 C_4AF 含量减少，$C_4A_{3-x}F_xS$ 中掺入 Fe_2O_3 的含量增加，Fe_2O_3 和 Al_2O_3 的有效利用率增加，从而降低 FR-SAC 熟料形成时对原料中 Al_2O_3 的含量要求。由此，从热力学角度阐明了 CaO 和 $CaSO_4$ 对含铁矿物形成的影响机理。

（3）使用固废基 FR-SAC 作为 NA-LWC 的胶凝材料制备 NA-LWC。为了增加 FR-SAC 与 NA-LWC 制备的适配性，使用聚羧酸高效减水剂、硬脂酸钙和羟丙基纤维素醚作为外加剂，揭示了聚羧酸高效减水剂、硬脂酸钙和羟丙基纤维素醚对 FR-SAC 的水化性能、净浆浆体流动度、吸水率及粘度等宏观性能的影响规律，从而实现净浆浆体宏观性能的定向调控，为其应用于 NA-LWC 制备奠定理论基础。在 FR-SAC 净浆中，随着聚羧酸高效减水剂添加量的增加，胶凝材料净浆的标准稠度用水量逐渐减少，当聚羧酸高效减水剂用量为 1 wt.‰时，FR-SAC 的标准稠度用水量降低 27%。添加硬脂酸钙的 FR-SAC 净浆表现出良好的疏水性和较低的早期吸水率，但对长期吸水率影响不大。添加羟丙基纤维素醚能明显增加 FR-SAC 净浆浆体的粘度，降低浆体的流动度，同时也会降低 FR-SAC 净浆试块的抗压强度。因此，FR-SAC 适用的硬脂酸钙含量为 1 wt.‰，而羟丙基纤维素醚和硬脂酸钙的添加量需根据生产工艺和抗压强度要求，使其流变参数与抗压强度均达到最佳状态。

（4）使用改性后的 FR-SAC 与热分解脱硫石膏协同制备 NA-LWC，揭示了煅烧后脱硫石膏的性能、胶凝材料配比、外加剂、双氧水含量及水灰比对 NA-LWC 性能的影响机制，得到了最适合 NA-LWC 生产的原料体系。使用 FR-SAC 和脱硫石膏制备 NA-LWC 时，FR-SAC 与烘干后脱硫石膏的配比为 7∶3，体积分数为 30 wt.%的双氧水的添加量为 1.6% mL/g，反应温度为 30 ℃，水灰比为 0.34，聚羧酸高效减水剂、硬脂酸钙、羟丙基纤维素醚及 KI 的添加量分别为 0.1%、1%、0.05%和 0.05% g/mL H_2O_2。

（5）以实验室研究结果为基础，建立了工业固废制备 FR-SAC 和 NA-LWC 中试线，获得高效的 NA-LWC 生产工艺参数，得到了性能稳定的 FR-SAC 和 NA-LWC 产品。工业固废制备 FR-SAC 的生产线主要由生料处置、熟料煅烧和胶凝材料粉磨系统组成。基于该生产线，得到的 FR-SAC 可满足 52.5 等级的水泥所要求的抗压和抗折强度等性能，但是 FR-SAC 的凝结时间相对较短。使用 FR-SAC 和热解脱硫石膏为原料制备 NA-LWC 的中试系统主要由原料配制系统、搅拌浇筑系统、模箱运转与预养护系统、切割系统等组成。以实验室研制配方为原料，当搅拌速率为 500 r/min，搅拌时间和运行时间分别为 5 min 和 6 h 时，得到密度约为 600 kg/m³、抗压强度约为 4.5 MPa 的 NA-LWC，此时 NA-LWC 的生产效率与产品性能匹配达到最佳状态。

（6）基于生命周期评价（life cycle assessment，LCA）理论，评价了固废基 FR-SAC 及 NA-LWC 全生命周期的环境影响和碳减排效应，为 NA-LWC 生产过程中的绿色化、低碳化改进提供理论依据。通过 NA-LWC 和蒸压加气混凝土的 LCA 标准化分析可知，与蒸压加气混凝土相比，NA-LWC 的环境影响总值降低 24.38%；通过对 NA-LWC 不同生产流程与原料的 LCA 分析，得到 NA-LWC 生命周期环境影响的关键流程为 FR-SAC

熟料煅烧、料浆制备与浇筑和轻质混凝土原料制备，关键物质为双氧水和电力，从而获知进一步减少 FR-SAC 熟料的添加量、提高双氧水的使用效率是降低 NA-LWC 环境影响的有效手段。此外，胶凝材料制备是 NA-LWC 生命周期碳排放量占比最大的过程；与蒸压加气混凝土相比，NA-LWC 的碳排放量降低 68%。

笔者在本书的撰写过程中，参考、引用了许多国内外学者的相关研究成果，也得到了许多专家和同行的帮助和支持，在此表示诚挚的感谢。由于笔者的专业领域和实验环境所限，本书难以做到全面系统，加之笔者研究水平有限，疏漏在所难免，敬请读者批评赐教。

目录
Contents

第1章　绪论

1.1　工业固废资源化利用的研究背景

近些年来，全世界的二氧化碳排放量猛增，导致气候变暖，严重威胁着人类的生命健康。因此，气候变化不仅是环境问题，更是全人类共同面临的生存问题。2020年9月22日，在第七十五届联合国大会上，习近平总书记向全世界做出庄严承诺，我国将在2030年前达到二氧化碳排放峰值，2060年前实现碳中和的宏大目标。2020年10月29日，中国共产党十九届五中全会通过的《中共中央关于制定国民经济和社会发展第十四个五年规划和二〇三五年远景目标的建议》提出，到2035年，广泛形成绿色生产生活方式，碳排放达峰后稳中有降，生态环境根本好转，美丽中国建设目标基本实现[1]。国务院印发的《关于加快建立健全绿色低碳循环发展经济体系的指导意见》[2]提出"建立健全绿色低碳循环发展的经济体系，确保实现碳达峰、碳中和"。要实现碳达峰、碳中和，大幅降低温室气体排放，不仅要加快实现能源利用结构优化和能效提升，还要促进经济社会发展的全面绿色转型，全面提高资源利用效率。开展资源综合利用是我国深入实施可持续发展战略、建立健全绿色低碳循环发展经济体系、实现碳达峰与碳中和目标的重要途径之一。

大宗工业固废利用是资源综合利用的核心领域。我国大宗工业固废产量和堆存量大，环境影响突出，利用率有限。如图1.1所示，根据2016—2019年全国生态环境统计公报数据显示[3]，从2016年开始，我国的一般工业固体废物产量已经超过35亿t，且处于不断增加的状态。而综合利用量和处置量增幅相对较小，堆存的一般工业固废总量仍在持续增加。到2019年，我国的一般工业固体废物产生总量已超过40亿t，但其综合利用率仅为52.6%。2021年3月，国家发展和改革委员会发布的《关于"十四五"大宗固体废弃物综合利用的指导意见》指出，未来我国大宗固废仍将面临产生强度高、利用不充分、综合利用产品附加值低的严峻挑战[4]；目前，大宗固废累计堆存量约600亿t，其中，赤泥、磷石膏、钢渣等固废利用率仍较低，占用大量土地资源，存在较大的生态环境安全隐患。推进大宗工业固废的资源化利用，能够提高资源利用效率，改善环境，推动生态文明建设，促进经济社会发展全面绿色转型。因此，大宗工业固废资源化利用迫在眉睫。

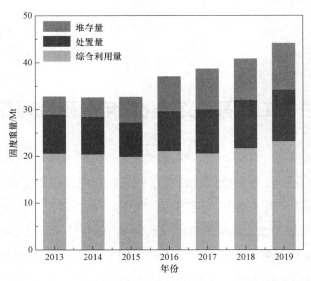

图 1.1　我国一般工业固废产生及利用总量

使用工业固废作为建筑材料是较为常见的固废资源化利用方式,常见的有使用粉煤灰或矿渣作为水泥填料或碱激发材料等[5-7]。但是,仅有粉煤灰、矿渣及少量的其他固废可用作建筑材料,因为使用工业固废作为建筑材料时,对固废的化学成分要求较高,导致固废的应用量有限。因此,破除传统固废资源化利用思路的束缚,开发创新的思路,是固废规模化、高值化、绿色化利用的重要途径。

长久以来,建筑行业一直存在高能耗、高污染等问题。在我国能耗构成分布中,建筑能耗是我国能源消耗的"碳排放大户"之一。如图 1.2 所示,2018 年,我国建筑全过程碳排放量为 49.3 亿 t,占全国碳排放总量的 51.3%;建材生产阶段的碳排放量为 27.2 亿 t,占全国碳排放总量的 23.8%;建筑运行阶段的碳排放量为 21.1 亿 t,占全国碳排放总量的 21.9%[8]。CO_2 排放量不仅体现在建筑材料的生产过程中,也体现在建筑物运行过程中。因此,大力推进绿色建筑行业发展,有效降低建材生产工业和建筑运行过程中的碳排放是实现"碳达峰、碳中和"的不可或缺的部分。

根据中国建筑科学研究院发布的数据,2017 年我国既有建筑面积已达 500 亿 m² 以上,而且 97% 以上属于高能耗建筑。2017 年,住房和城乡建设部印发《建筑节能与绿色建筑发展"十三五"规划》提到:2020 年,城镇新建建筑中绿色建筑面积比重超过 50%,全国城镇既有居住建筑中节能建筑所占比例超过 60%[9]。住房和城乡建设部 2022 年印发的《"十四五"建筑节能与绿色建筑发展规划》提出,到 2025 年,完成既有建筑节能改造面积 3.5 亿平方米以上，提升绿色建筑发展质量，提高新建建筑节能水平，加强既有建筑节能绿色改造，推动可再生能源应用。

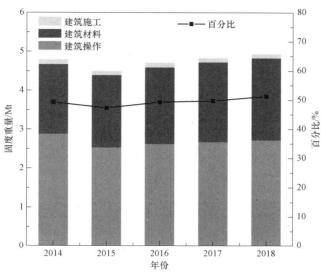

图 1.2　建筑全过程碳排放

目前，常见的墙体保温材料主要有泡沫混凝土、蒸压加气混凝土（autoclaved aerated concrete，AAC）等。作为墙体保温材料，泡沫混凝土和 AAC 产品性能良好，并且能够掺加一定量的粉煤灰、矿渣等工业固废，具有利废功能[10-13]。但是，泡沫混凝土的胶凝性主要源于水泥的胶凝性，所以水泥的添加量较高，固废掺量较少。而且，泡沫混凝土孔壁较薄，强度较低，同时普通硅酸盐水泥的凝结时间较长，严重限制了泡沫混凝土的生产效率和应用场景。AAC 的胶凝性主要来源于粉煤灰或石英砂在高温高压条件下反应产生的具有胶凝性的托贝莫来石[14]。这一生产工艺可以消耗大量的粉煤灰或者矿渣。但是，AAC 需在 200 ℃和 1.2 MPa 的蒸气中养护 8 h 以上，这一过程同样会消耗大量的能源，同时 10 个大气压的蒸气压力使生产过程中存在较大的安全隐患[15]。因此，如何以固废为原材料制备不需要蒸压养护的轻质混凝土成为许多学者深入研究的热点。

作为一种常见的特种水泥，硫铝酸盐水泥具有早强、快硬、水硬性等特点，将其作为胶凝材料制备轻质混凝土，既能够实现轻质混凝土的快速硬化，也不需要蒸压养护。同时，硫铝酸盐水泥具有较低的煅烧温度和较低的 CaO 含量，是一种应用潜力巨大的低碳水泥。但是，由于高品位铝矾土是硫铝酸盐水泥的原料之一，而铝矾土资源稀缺、价格昂贵，造成硫铝酸盐水泥的价格居高不下，极大地限制了其进一步应用。

硫铝酸盐水泥的主要矿物为 $Ca_4Al_6SO_{16}(C_4A_3\bar{S})$ 和 $Ca_2SiO_5(C_2S)$，还有少量的 $Ca_4Al_2Fe_2O_{10}(C_4AF)$ 和 $Ca_2Fe_2O_5(C_2F)$[16-18]。相对应地，其化学组成主要有 CaO、SiO_2、Al_2O_3、SO_2 和 Fe_2O_3。当原料中掺入较多的 Fe_2O_3 时，Fe_2O_3 能够掺入 $C_4A_3\bar{S}$ 中形成 $C_4A_{3-x}F_x\bar{S}$，从而降低原料中 Al_2O_3 的消耗量[19]。硫铝酸盐水泥丰富的化学组成增加了其对固废原料的包容性，使得完全利用工业固废为原料制备 FR-SAC 具有可行性。

综上所述，充分利用不同工业固废间的化学组成互补性制备得到 FR-SAC，随后利用胶凝材料与脱硫石膏间的矿物组成和物理性能互补性制备得到 NA-LWC，不仅能够实现大宗工业固废的大规模资源化利用，实现从固废到 FR-SAC，再从 FR-SAC 到 NA-LWC 的两次价值跃迁，而且开创了原料来源—清洁工艺—绿色产品的全链条式固废资源化利用路线。

1.2　典型工业固废简介及资源化利用现状

工业固废是工业生产过程中排入环境的各种废渣、粉尘及其他废物。其主要来源于燃煤、电力、冶金、化工等行业。其中，脱硫石膏和粉煤灰来自燃煤发电行业，赤泥和铝型材电镀污泥来自冶金行业，而电石渣来自化工行业。本研究中，主要介绍了典型固废的来源与资源化利用现状。

1.2.1　电石渣

电石渣是电石水解制备乙炔气体时产生的工业副产物。电石水解生产乙炔的工艺简单、技术成熟，是我国乙炔生产行业最常用的生产工艺。但是，生产乙炔的同时也会产生大量的电石渣[20,21]，每消耗 1 t 电石约产生 1.2 t 电石渣，其制备公式如式 1-1 所示。由于电石渣中的主要成分为 $Ca(OH)_2$，其溶于水后呈碱性，堆存或掩埋处理极易造成土地盐碱化，污染地下水，因此亟需加强电石渣处理利用技术，实现其资源化、高值化利用。

$$CaC_2+2H_2O = C_2H_2\uparrow+Ca(OH)_2 \qquad （式1-1）$$

近年来，随着资源消耗和环保要求的提高，电石渣的资源化利用逐渐受到重视。电石渣最常用于建材行业，由于电石渣中的主要成分为 $Ca(OH)_2$，其被用来替代石灰生产水泥熟料和 AAC[22]；还有研究人员使用电石渣制备硅酸钙板、改良膨胀土和冷沥青乳液混合料等[23,24]；除建材行业外，$Ca(OH)_2$ 还常被用来脱除烟气中的 SO_2 或固定 CO_2；还有部分研究人员使用电石渣代替熟石灰或生石灰制备纯碱或储热材料等[25,26]。

1.2.2　脱硫石膏

脱硫石膏是最常见的大宗工业固废之一，其主要来源于火电、钢铁及化工等行业的烟气脱硫过程。脱硫石膏的主要成分为 $CaSO_4 \cdot 2H_2O$，与天然石膏的化学组成相似。但脱硫石膏的品质不稳定、白度较低，制约了其资源化利用。2014—2018 年，我国脱硫石膏年产量约为 70 Mt，但其资源化利用率仅为 75%，仍有大量的脱硫石膏无法利用[27]。因此，需大力发展脱硫石膏资源化利用新技术。

目前，脱硫石膏的主要利用途径为作为建材原料。由于脱硫石膏的主要成分为 $CaSO_4 \cdot 2H_2O$，具有调节水泥凝结时间的作用，常被用来取代天然石膏作为水泥的缓凝剂[28,29]；生产硅酸盐水泥熟料时，添加脱硫石膏作为矿化剂，可以降低熟料的生产能耗，提高水泥强度[30]。除用于水泥行业外，将脱硫石膏中的 $CaSO_4 \cdot 2H_2O$ 转化为具有胶凝性的 $CaSO_4 \cdot 0.5H_2O$，可用于制备装饰石膏板、石膏砌块和粉刷石膏等石膏类建筑材料，实现石膏的资源化利用[31,32]。但是，脱硫石膏中杂质较多，性能不稳定，需对其进行前处理以降低杂质的影响。此外，脱硫石膏还可用作土壤改良剂和肥料等，但其中的有害杂质对土壤环境的长期影响尚不明确[33,34]。因此，需对其资源化利用技术进行深入研究。

1.2.3　赤泥

赤泥是拜耳法生产氧化铝工业过程中产生的固体废物，废渣中大量的氧化铁导致废渣呈砖红色，故称之为赤泥。除氧化铁外，其主要化学成分有氧化铝、二氧化硅及一定量的碱性氧化物等[35]。工业上，每生产 1 t 氧化铝大约产生 0.7～2 t 的赤泥。2019 年，全球产生的赤泥量约为 1.32 亿～1.98 亿 t。赤泥中含有大量的碱金属氧化物，资源化利用难度较大[36,37]。因此，赤泥仍以堆存处置为主，造成了扬尘和地下水污染，严重影响人类的生存环境，其资源化利用技术开发刻不容缓。

近年来，赤泥的资源化利用研究主要有以下两个方面。

第一，金属铁的回收利用研究。赤泥中的氧化铁含量达 30%～60%，工业中常通过还原—煅烧—磁选等工艺，回收赤泥中的铁[38,39]；另外还通过浸渍法、磁选法和重选法等方法提取赤泥中的铁[40]。赤泥选铁之后，仍有大量的废渣残留，需进一步的资源化处理。除金属铁外，许多研究人员还开展了赤泥中钛、钒等少量元素或稀土元素的提取技术[41]。但是，少量元素或稀土元素的提取工艺复杂，能耗和成本高，经济性较差。

第二，由于赤泥自身具有较大的比表面积，其常被用来作为吸附剂处理重金属离子或酸性污染气体[42]。但是，赤泥吸附剂的制备过程仍然需要通过酸碱浸泡，使得赤泥中的重金属溶出，会产生二次污染，并且该方法对赤泥的处理量有限。

除上述两种资源化利用技术外，赤泥常被用来代替黏土生产烧结砖、免烧砖等；还有部分研究人员将其用作路基材料，应用于道路工程，得到的产品性能均可达到相应的标准[43-45]。但是，赤泥制备的建筑材料均存在"泛霜"现象，影响建筑物的外观和耐久性。还有一些研究人员使用赤泥制备陶瓷和微晶玻璃等，得到的产品性能可达到国家标准，但是该产品也存在能耗高、碱性较高等问题，故无法实现大规模应用。

1.2.4 铝型材电镀污泥

铝型材电镀污泥是铝型材加工过程中表面处理废水蒸干后产生的工业副产物。铝型材加工过程主要有模具清洗、碱洗、阳极氧化和酸性中和等环节，从而产生低结晶水的氧化铝水合物和一部分无定型废弃污泥。每生产 1 t 铝型材约产生 0.1 t 污泥，其化学组成主要为 Al_2O_3，含量高达 60%～80%。除 Al_2O_3 之外，铝型材电镀污泥中还有残留的 SO_2 和 CaO，以及少量的重金属 Ni 或 Cr[46,47]。2018 年我国铝型材电镀污泥产量约为 200 万吨[48]。但是，由于我国铝型材加工企业规模不等，产生的污水和污泥中的有毒有害成分不一，使得污泥的无害化、资源化处理更加困难。

目前，常见的铝型材电镀污泥处置方法主要有填埋、元素提取和煅烧水泥等。由于铝型材电镀污泥含有大量的 Al_2O_3，一些研究人员使用铝型材污泥作为原料，回收其中的 Al_2O_3 以制备铝质纳米材料，并研究了污泥中少量重金属对氧化铝结晶的影响作用。但是，该方法尚处于研究阶段，其生产过程中能耗高，经济效益差，不利于大规模推广。由于铝型材电镀污泥的主要化学成分为 Al_2O_3，并含有少量的 Cr，将污泥粉碎成超细粉烧制玻璃或者陶瓷，利用污泥中的 Cr（Ⅲ）作为着色剂，既能实现铝型材污泥的资源化利用，也可以降低玻璃的熔融温度，节省能耗[49,50]。此外，铝型材电镀污泥常被用作生产水泥熟料的矿化剂，既能够作为水泥熟料中含铝矿物的原料来源，也能够在煅烧时促进其他物料之间充分反应，提高水泥熟料的质量和活性[51]。

1.2.5 粉煤灰

粉煤灰是燃煤电厂中产量最大的工业固体废弃物，占原煤的 5%～20%。我国粉煤灰的年产量常年保持在 5 亿 t 以上。尽管其综合利用率可达 70%，但每年仍有上亿 t 的粉煤灰残余。残留粉煤灰堆积存放于堆场，不仅占用大量的土地，造成土壤污染，而且由于粉煤灰粒径较小，悬浮的颗粒也会造成空气污染[52]。此外，煤中大量的微量元素在燃烧之后富集于粉煤灰中，富集的微量金属元素易从颗粒中浸出，也会造成土壤、大气及地下水的污染。

由于原煤种类及燃烧条件的不同，粉煤灰的理化性质差别较大。常见的两种粉煤灰主要为煤粉炉粉煤灰和循环流化床粉煤灰。两种粉煤灰的化学组成相差不大，主要有 SiO_2、Al_2O_3、CaO、多种少量的金属元素及未燃尽的残碳；其矿物组成有一定差别，煤粉炉粉煤灰的矿物组成主要有莫来石、石英及部分玻璃相，而循环流化床粉煤灰主要由石英、硫酸钙方解石及少量硅酸二钙组成。此外，煤粉炉粉煤灰的微观形貌主要为球形颗粒和不规则碎屑，而循环流化床粉煤灰的燃烧温度较低，粉煤灰不易熔融，很难观察到球形颗粒。

粉煤灰的资源化利用与其理化性质密切相关。煤粉炉粉煤灰中含有大量的空心球体且结构稳定，因此其常被用来制备吸附或催化剂的载体，应用于烟气吸附或催化裂解等行业中。粉煤灰中含有大量的硅、铝元素及丰富的有价元素，许多研究人员采用酸浸或碱浸等工艺提取粉煤灰中的铝、硅或有价金属[53,54]。但是，其在制备多孔材料和提取元素时，均存在工艺复杂、成本较高、使用酸或碱浸泡之后产生新的污染源、处理量有限等缺点。除上述资源化利用途径外，煤粉炉粉煤灰中含有大量的莫来石及一定量的硅酸二钙，使其具有火山灰特性与胶凝性，因此粉煤灰更多地应用于建材行业[55,56]。工业生产中，将 20%～40%的粉煤灰与硅酸盐水泥熟料、脱硫石膏混合便可得到粉煤灰水泥，并且该种水泥已广泛应用于建筑行业中[57]；在生产 AAC 时，粉煤灰的添加量可达70%～80%；而在许多地聚物（碱激发）混凝土的研究中，胶凝材料完全来源于粉煤灰，这一系列应用方式为粉煤灰的建材化利用提供了更大的空间[58,59]。但是，直接掺加粉煤灰作为建筑材料时，对粉煤灰中的灰分、CaO 含量等品质要求较高，多数低品质的粉煤灰仍然无法利用。因此，仍需进一步优化粉煤灰的资源化利用技术，实现不同级别粉煤灰的资源化利用。

1.2.6　典型工业固废利用现状

大宗工业固废普遍存在产量和堆存量大、理化性质不稳定且环境影响突出等特点。现有的资源化处理途径主要分为两个方向：第一，将固废中的不同成分拆分利用，如利用酸碱处理等化学方法提取固废中富集的元素或少量稀有元素；但是，化学法提取元素时普遍存在技术工艺复杂、经济效益差、处理量有限及容易造成二次污染等缺点。第二，使用工业固废进行土壤修复、制备建材等。但是，将固废应用于建材行业时，对固废的理化性质要求较高，仅有高品质粉煤灰和矿渣等含有大量硅、铝元素且火山灰活性较强的固废能大量应用于水泥填料或碱激发胶凝材料；同时，固废理化性质不稳定等特性也使得其资源化利用受限。因此，亟需摒弃单一固废资源化利用的传统思路，突破单一固废理化性质的限制，拓展固废资源化利用思路，开发新的利用技术，从而既能够实现工业固废规模化、高值化利用，也能够获得足够的经济效益和环境效益。

利用不同工业固废的理化性质的互补性，制备化学组成和矿物组成稳定的 FR-SAC，从而克服不同原料间化学性质不稳定的缺点；随后，再使用 FR-SAC 与其他固废协同制备高值化建材产品。该技术路线不仅能够克服单一固废理化性质的局限性，重塑固废原料的理化性质，实现工业固废的大规模资源化利用，而且使用 FR-SAC 制备高附加值产品，可以实现工业固废到高值化产品的两级价值跃迁，提高资源利用效率，促进经济社会发展全面绿色转型。

1.3 高铁硫铝系胶凝材料研究进展

硫铝酸盐水泥是中国建筑材料科学研究院开发的一种特种水泥系列。其主要以石灰石、矾土、石膏为原料，经较低温度（1 250～1 350 ℃）煅烧，得到硫铝酸盐水泥熟料，掺加一定量的石膏后，粉磨得到具有早强、快硬、抗冻、抗渗、膨胀、低碱等一系列优异性能的水硬性胶凝材料，广泛应用在 GRC（glass fiber reinforced concrete，玻璃纤维增强混凝土）制品、冬季施工及海工材料等建筑工程的制品方面[60]。

由于硫铝酸盐水泥中 Al_2O_3 的含量较高，必须使用高品位的铝矾土（Al_2O_3 含量超过 60%）为原料，造成硫铝酸盐水泥的价格居高不下，限制了其进一步的应用[61-63]。同样的，使用工业固废为原料时，对固废中 Al_2O_3 的含量要求较高，可选用的固废种类有限。当原料中掺入一定量的 Fe_2O_3 时，Fe_2O_3 能够掺入 $C_4A_3\bar{S}$ 中形成 $C_4A_{3-x}F_x\bar{S}$，从而降低原料中 Al_2O_3 的消耗量，得到 FR-SAC。而且，FR-SAC 的主要活性矿物 $C_4A_{3-x}F_x\bar{S}$ 与未掺 Fe_2O_3 的 $C_4A_3\bar{S}$ 的胶凝性相差不大。因此，使用 Fe_2O_3 替代 $C_4A_3\bar{S}$ 中的 Al_2O_3 不仅能够保持 FR-SAC 的胶凝活性，而且使得低品位铝矾土、含铁工业固废可作为原料制备 FR-SAC。一些研究人员开展了使用固废替代铝矾土制备 CSA 或 FR-SAC 的研究，主要研究进展如下。

1.3.1　工业固废制备硫铝酸盐水泥

El-Alfi 等[64]利用 25%的高岭土、20%的天然石膏以及 55%的大理石渣在温度为 1 200～1 250 ℃的条件下煅烧，并分别用傅里叶变换红外光谱仪、XRD（X-ray diffraction，X 射线衍射）物相检测设备、电镜扫描设备进行了定性研究，结果显示能在大量利用大理石渣条件下制备贝利特硫铝酸盐水泥熟料，但是制备得到的贝利特硫铝酸盐水泥 28 天强度只有 36 MPa，强度较低。Rungchet 等[65]利用飞灰、富铝灰和脱硫石膏制备贝利特硫铝酸盐水泥，用石灰石作为校正材料来校核水泥生料的配比，并对水化热、热力过程时间、煅烧温度进行了详细研究，研究发现当煅烧温度在 1 050 ℃时，贝利特硫铝酸盐水泥物相发展最好，煅烧的水泥水化产物主要有钙矾石、氢氧化钙、水合硅酸钙和钙-铝硅酸盐，但是其净浆 28 天强度为 30 MPa，强度远低于我国 52.5 硫铝酸盐水泥标准。施惠生等[66]以城市垃圾焚烧飞灰为主要原料，化学试剂 $CaCO_3$、$CaSO_4$ 和 Al_2O_3 为校正原料，在实验室电炉里成功制备得到硫铝酸盐水泥熟料。研究表明：焚烧飞灰在生料中的掺量不宜超过 30%；烧成熟料形貌疏松多孔，呈现为多层且无规则、细小的晶体；制备硫铝酸盐水泥时，掺入 5%～10%的无水石膏均能使所配制的产品具有优异的物理性能。李秋义、Awa 等[67-69]国内外研究团队均使用固废作为部分钙源、铝源或硅源代替自然资源制备硫铝系胶凝材料。但是，大部分研究仍停留在使用单一固废代替某一种原料，而很少使用固废代替全部自然资源的研究。

在此基础上，本研究团队首次提出全固废制备 SAC 的研究思路：使用脱硫石膏、磷石膏等为硫源和钙源，电石渣、石粉等为钙源，粉煤灰、煤矸石为硅源，铝灰为铝源，制备得到一系列 SAC。这一系列研究中，钙源、硅源和硫源的可选固废种类丰富，但由于 SAC 中的含铝量过高，可选用的铝源仅有 Al_2O_3 含量较高的铝灰。完全使用固废制备 SAC 时，为了扩充可用固废种类，仍需降低熟料中的 Al_2O_3 含量。

1.3.2　高铁硫铝系胶凝材料矿物组成

通常，SAC 熟料中 Al_2O_3 的含量为 30%～38%，Fe_2O_3 的含量为 1%～3%。当增加原料中 Fe_2O_3 的含量时，增加的 Fe_2O_3 能够取代部分 Al_2O_3 形成 $C_4A_{3-x}F_x\overline{S}$，从而使得 FR-SAC 中 Fe_2O_3 的含量提升到 5%～13%，Al_2O_3 的含量相应地降低至 25%～35%。而且，$C_4A_{3-x}F_x\overline{S}$ 与 $C_4A_3\overline{S}$ 的水化活性相似，$C_4A_{3-x}F_x\overline{S}$ 的增加不会影响 FR-SAC 的水化活性。因此，应大力加强 FR-SAC 的研究与生产。

FR-SAC 中，含铁矿物主要有 $Ca_4Al_2Fe_2O_{10}(C_4AF)$、$Ca_2Fe_2O_5(C_2F)$ 和 $Ca_4Al_{6-2x}Fe_{2x}SO_{16}$（$C_4A_{3-x}F_x\overline{S}$，$x$ 的数值取决于 Fe_2O_3 的掺入量）[70-72]。其中，C_2F 的水化活性较低，不利于强度的发展；C_4AF 的水化速率过快，不利于 FR-SAC 长期强度的增长；而 $C_4A_{3-x}F_x\overline{S}$ 与 $C_4A_3\overline{S}$ 的水化活性相似，是 FR-SAC 强度发展的主要决定因素[71,73]。因此，需促进更多 Fe_2O_3 掺加到 $C_4A_{3-x}F_x\overline{S}$ 中，从而促进较低 Al_2O_3 含量的固废应用于胶凝材料的制备。

早在多年前，陈冬等[74]研究人员进行了 Fe_2O_3 含量对 $C_4A_{3-x}F_x\overline{S}$ 的矿物组成和性能的影响的研究。结果发现，$C_4A_{3-x}F_x\overline{S}$ 中 Fe_2O_3 代替 Al_2O_3 的最大值为 22.31 wt.%；而且随着 Fe_2O_3 掺入量的增加，早期抗压强度略微降低，后期抗压强度保持不变。Idrissi 等[75]研究了 $C_4A_{3-x}F_x\overline{S}$ 中 Fe_2O_3 的掺入能力。研究表明，随着原料中 Fe_2O_3 含量的增加，更多的 Fe_2O_3 掺入 $C_4A_{3-x}F_x\overline{S}$ 中，Fe_2O_3 的最大掺入量为 21.5%。Touzo 等[70]通过研究了 1 325 ℃下 $CaO-Al_2O_3-Fe_2O_3-SO_3$ 体系的相图得出 $C_4A_{3-x}F_x\overline{S}$ 中 x 最大可增加至 0.34。黄叶平等[76]研究了 FR-SAC 熟料中 Fe_2O_3 含量对 $C_4A_{3-x}F_x\overline{S}$ 形成的影响，得出添加 Fe_2O_3 能够促进 f-CaO 参与熟料中矿物的形成反应，同时熟料中可形成 $C_4A_{2.7}F_{0.3}\overline{S}$。从上述研究我们能够看出，原料中 Fe_2O_3 的含量影响 FR-SAC 熟料中矿物形成，尤其影响 $C_4A_{3-x}F_x\overline{S}$ 中 Fe_2O_3 的掺量。但是，Touzo 等[70]指出 $Fe_2O_3/(Fe_2O_3+Al_2O_3)$ 并不是影响 x 值的唯一因素，CaO 和 $CaSO_4$ 的含量也能够改变 FR-SAC 熟料中 $C_4A_{3-x}F_x\overline{S}$ 的形成。Khessaimi 等[77]使用化学试剂合成 $C_4A_3\overline{S}$，得出原料中掺加过量的 $CaSO_4$ 来弥补 SO_2 的逸出能够有效地促进 $C_4A_3\overline{S}$ 的形成。沈燕等[78]使用磷石膏制备 SAC 熟料，得出磷石膏的分解影响 CSA 熟料中矿物的形成。总之，许多研究探索了不同的 CaO 和 $CaSO_4$ 含量对 CSA 熟料中矿物组成的影响[79,80]，但几乎没有关于 CaO 和 $CaSO_4$ 对 FR-SAC 中含铁矿物形成的影响的研究。为了实现全工业固废制备 FR-SAC，亟待了解原料中各组分对熟料中矿物形成的影响，确保熟料中更多的 Fe_2O_3 掺入 $C_4A_{3-x}F_x\overline{S}$ 矿物中。

1.3.3　工业固废制备高铁硫铝系胶凝材料

尽管目前有许多关于制备 FR-SAC 熟料的研究，但是与 SAC 相同，FR-SAC 的生产仍需消耗大量的自然资源，原料成本较高。使用工业固废作为原料制备 FR-SAC，既能够降低 FR-SAC 的原料成本，又能够实现大宗工业固废的资源化利用。黄永波等[81]研究人员使用高铝粉煤灰为铝源制得的无铝矾土的 FR-SAC 中，$C_4A_{3-x}F_x\overline{S}$ 矿物的 x 值高达 0.7；并且 Fe_2O_3 的增加能够促进 $C_4A_3\overline{S}$ -o 晶体向 $C_4A_3\overline{S}$ -c 型晶体结构转变，$C_4A_3\overline{S}$ 的晶体颗粒变小；在水化时，$C_4A_{3-x}F_x\overline{S}$ 中的 Fe_2O_3 促进钙矾石向大粒径转变，而且 $C_4A_{3-x}F_x\overline{S}$

中更多的 Fe_2O_3 形成 $Fe(OH)_3$，少部分仍残留在 $C_4A_{3-x}F_x\overline{S}$ 中形成钙矾石。Isteri 等[82] 使用冶金尾矿渣为原料成功制备得到 FR-SAC，其中使用炼锌厂尾渣为原料得到的 FR-SAC 的 7 天砂浆抗压强度大于 30 MPa，而使用不锈钢渣制得的胶凝材料 28 天抗压强度仅为 22 MPa。Iacobescu 等[83]使用电弧焊钢渣为原料成功制备得到铁铝酸盐水泥，并且 Cr（VI）的浸出小于 1×10^{-6}，但是其砂浆的 28 天抗压强度仅为 18.3 MPa。通过上述研究可以发现，使用固废为原料制备得到的 FR-SAC 的抗压强度仍处在较低水平。更重要的是，上述研究均仅使用单一固废代替部分原料，而大部分原料仍需要消耗自然资源，对 FR-SAC 生产的价格和环境效应影响有限。

使用全工业固废制备 FR-SAC，既能够在降低原料中 Al_2O_3 含量的同时保持较高的性能，降低胶凝材料的制备价格，也能够实现工业固废资源化利用，从原料利用和产品生产等方面实现绿色可持续发展。

1.4　工业固废制备轻质混凝土研究进展

水泥基轻质混凝土主要包括加气混凝土和泡沫混凝土。加气混凝土主要通过化学方法，使用双氧水、铝粉、镁粉等发气剂添加至混凝土浆体中，在发气剂反应释放出气体的同时，浆体逐渐凝结，从而将氢气、二氧化碳或氧气等气体引入混凝土浆体中，形成大量细小的封闭气孔，经一定条件的养护，得到具有一定强度的混凝土制品[84,85]。泡沫混凝土则使用动物蛋白、表面活性剂等作为发泡剂，经机械发泡（物理发泡）得到预制泡沫，再将泡沫与浆体混合得到一种轻质、多孔的泡沫混凝土[86,87]。水泥基轻质混凝土是一种利废、环保、节能、低廉且具有不燃性的新型建筑节能材料。目前，国内外学者已经对水泥基轻质混凝土进行了广泛的研究。

1.4.1　工业固废制备蒸压加气混凝土

宋元明等[88]学者利用焚烧炉底灰作为硅源、粉煤灰作为钙源，并且使用垃圾焚烧底灰代替铝粉作为发泡剂，制备得到干密度介于 $600\sim800\ kg/m^3$ 之间的 AAC，该产品的抗压强度高达 $6\sim9$ MPa。但是，该研究中的焚烧炉底灰用量较少，仅占固体料总量的 20% 左右，仍然需要消耗大量的自然资源生石灰和石膏。除此之外，该产品需在 180 ℃、1 MPa 的条件下养护 8 h 以上，不仅消耗大量的能源，同时带来一定的安全隐患。倪文等[84]研究人员利用煤矸石和铁尾矿制备 AAC，得到了密度为 609 kg/m^3、强度为 3.68 MPa 的加气混凝土样品。在该制备过程中，煤矸石需预先在 600 ℃下煅烧，因此该制备过程仍需要较大的能耗。除此之外，还有大量的科学家对使用固废作为原料制备 AAC 和泡沫混凝土进行了广泛的研究，如 Wongkeo 等[89]利用炉底灰等作为原料制备加气混凝土，Thongtha 等[90]甚至使用甘蔗渣作为替代原料制备 AAC，均能够得到符合相关标准的轻质混凝土。尽管许多科学家[91,92]开展了大量针对水泥基轻质混凝土的研究，但多数的研究都停留在对原料的替代使用上，并且仅仅聚焦于某一钙源、硅源或者泡沫剂三者中某一组分的替代，蒸压养护过程不仅需要消耗大量的能源和自然资源，而且高温高压的生产环境也会对生产过程造成安全隐患。因此，亟需开发一种以工业固废为原料制备免蒸压轻质混凝土的生产方法。

1.4.2 工业固废制备免蒸压轻质混凝土

由于蒸压轻质混凝土的生产需要高于 180 ℃和 1 MPa 的养护条件，随着碳减排等环保要求的提高，免蒸压轻质混凝土的制备越来越受到关注。西南科技大学教授严云等[93,94]对利用固废代替部分原料制备加气混凝土进行了广泛的研究。他们分别利用磷石膏、流化床粉煤灰或者页岩气残渣作为原料，部分代替泡沫混凝土中的硅源和钙源制备免蒸压泡沫混凝土，并得到了满足国家标准《蒸压加气混凝士砌块标准》（GB/T 11968－2006）中 B06 要求的加气混凝土试块。尽管不经过高压养护，但该系列试块需在 80～100 ℃蒸气中养护 24 h，同样需要大量的能量消耗。Bonakdar 等[95]利用常规原料粉煤灰和石英砂作为原料制备泡沫混凝土，但他们通过添加纤维的方法提高混凝土的韧性和强度，从而代替蒸压养护，减少能源消耗。但是，该方法制备得到的泡沫混凝土在密度为 600 kg/m³ 左右时，强度不足 3 MPa，这将是限制其使用的致命缺陷。李秋义等[61]利用石油焦渣作为原料与硫铝酸盐水泥联合使用制备泡沫混凝土。陈兵等[96]研究了三种疏水剂［三甲基硅酸钾（PT）、硬脂酸钙（CS）和硅氧基聚合物（SP）］对泡沫混凝土的抗压强度、吸水率、吸湿性的影响，分别向泡沫混凝土中添加三种疏水剂，能够有效降低其吸水率，从而增强泡沫混凝土的耐久性；同时，吸水率的降低一定程度上也提高了泡沫混凝土的抗压强度。

图 1.3 为文献中利用固废制备得到 LWC 的抗压强度、吸水率与密度的关系图[85-87,91,96-109]。从图中可以看出，蒸压 LWC 的强度明显高于 NA-LWC，这是因为在高温高压下，LWC 中矿物之间的反应更为充分，更容易实现较高的强度；蒸压 LWC 的吸水率小于 NA-LWC，这是因为泡沫混凝土均为 NA-LWC，相较于加气混凝土，泡沫混凝土的孔壁较薄，吸水率更高。因此，如何提高固废基 NA-LWC 的性能是提高其应用范围的关键。

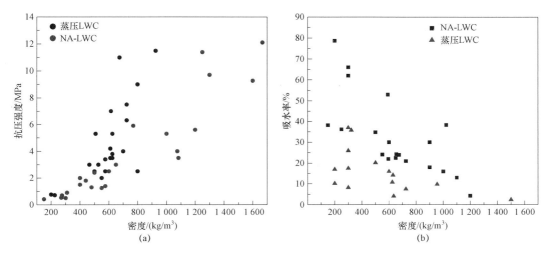

图 1.3　LWC 的抗压强度、吸水率与密度的关系

1.4.3　工业固废制备免蒸压轻质混凝土工艺及评价

长期以来，建筑行业一直存在高能耗、高污染等问题，FR-SAC 和 LWC 的生产过程也不例外。许多学者[110-112]通过研究不同材料作为 LWC 的原料来降低 LWC 的能耗和碳排放，但是极少数学者研究了 LWC 的性能、环境影响与制备过程之间的关系。如何优化 LWC 的制备工艺也是降低 LWC 能耗和碳排放的关键点之一。

LCA 是一种用于评价产品或服务相关的环境因素及其整个生命周期环境影响的工具。通过 LCA 能够评价 FR-SAC 和 LWC 生产过程中不同阶段的环境影响，从而反馈、改进相关工艺步骤，将 FR-SAC 和 LWC 的生命周期的能耗和碳排放降到最低[113,114]。一些研究人员使用 LCA 对胶凝材料或 LWC 进行了评价。

朴文华等[115]利用 Gabi4.4 软件，对掺加大量工业废渣的复合硅酸盐水泥进行生命周期评价，通过分析得到各生产阶段环境影响大小的顺序依次为煅烧阶段、水泥粉磨阶段、运输阶段、生料制备和原料开采阶段。该研究对数据的处理、功能单元的划分等具有指导作用。崔素萍等[116]基于生命周期评价方法，建立了使用水泥产品的 LCA 方法体系，确定了主要的环境影响类别，结果显示以粉煤灰替代熟料的综合环境效益最好，电石渣代替石灰石的碳减排效果最好；同时，通过钟点工序优化可降低不可再生资源消耗 5%、温室效应 21%。Teixeira 等[117]对利用生物质灰和粉煤灰部分替代水泥原料进行了生命周期评价。研究表明该方法对降低环境影响有显著的贡献，主要体现在二氧化碳的排放上。因此，通过在水泥生产的替代品中增加固废原料是改善水泥生产工业环境的一种途径。

Kosajan、Salas、Song 等[118-120]基于 LCA 方法，对水泥进行了生命周期评价并得出相关的影响结论。

此外，也有一些针对 LWC 的生命周期评价。肖辉等[121]利用 eBalance 软件，对泡沫混凝土墙体的全生命周期进行了评价。其中以节能墙体为研究对象，对其材料生产、生产工艺和施工过程进行了详细的分析。硅酸盐水泥是造成酸化效应、碳排放、富营养化、全球变暖和氮氧化合物的主要因素；水泥板是造成 COD、NH_3-N 指标的主要材料。时亦飞等[122]利用 SimaPro 对粉煤灰加气混凝土砌块进行生命周期评价，识别出对环境影响重大的关键工序和关键材料，得到粉煤灰浆体生产、石灰粉磨和蒸气养护过程为加气混凝土生产的关键工艺，关键材料为水泥、石灰和天然气，并且得到优化粉煤灰浆体生产工艺和蒸气养护工艺是改进加气混凝土生产的优先步骤，对于推动我国加气混凝土工业发展具有现实指导意义。

综上所述，使用 LCA 能够得到 FR-SAC 和 LWC 在不同生产阶段的环境影响，而且能够得到材料在生命周期内对环境的具体影响因素。因此，使用 LCA 评价 FR-SAC 和 LWC 生产线的环境影响，同时根据影响反馈至生产线设计，能够实现经济效益最大化，环境影响最低化。

1.5 本研究的提出、意义和主要内容

1.5.1 本研究的提出与意义

工业固废制备建筑材料是实现工业固废大规模资源化利用最有效的途径之一。而且，在严格的环保与绿色建筑政策的要求下，提升建筑物的保温性能，进一步降低建筑物使用能耗迫在眉睫。目前常用的墙体保温材料主要有泡沫混凝土和蒸压加气混凝土。但是，泡沫混凝土的胶凝性主要源于水泥的胶凝性，所以水泥的添加量较高，固废掺量较少；而且，其强度较低，凝结缓慢，严重限制了泡沫混凝土的生产效率和应用场景。蒸压加气混凝土需要在高温高压条件下养护，消耗大量的能源，存在较大的安全隐患。因此，如何以固废为原材料制备不需要蒸压养护的轻质混凝土成为许多学者深入研究的热点。

SAC 具有早强、快硬、水硬性等特性，能够满足 NA-LWC 生产所需的胶凝材料的性能要求。使用固废基 SAC 与固废作为原料协同制备 NA-LWC，既能够得到免蒸压、高效

的轻质混凝土，又能够消耗大量的工业固废。SAC 的化学组成主要有 CaO、Al_2O_3、SiO_2、SO_2 和 Fe_2O_3，其化学成分丰富，对工业固废种类具有较大的兼容性；而且 SAC 的 CaO 含量低，煅烧温度低，是一种理想的低碳水泥。使用工业固废制备 SAC 是固废资源化利用的有效途径之一。但是，SAC 原料中，Al_2O_3 的含量过高，导致其成本居高不下。将 Fe_2O_3 添加至熟料中取代 $C_4A_3\bar{S}$ 中的 Al_2O_3 生产 FR-SAC，既降低了 SAC 生产成本，也能够保持其早强、快硬等性能优势。Fe_2O_3 在 FR-SAC 熟料中的矿物存在形式包括 C_2F、C_4AF 和 $C_4A_{3-x}F_x\bar{S}$ 等，而且不同矿物的水化性能差别较大，因此如何确保更多的 Fe_2O_3 生成活性矿物 $C_4A_{3-x}F_x\bar{S}$ 至关重要。

针对上述问题，本研究采用典型固废协同互补的创新理念，利用脱硫石膏、电石渣、赤泥、铝型材电镀污泥和粉煤灰间的化学组成协同，制备得到 FR-SAC，利用 FR-SAC 的性能特点，与脱硫石膏再次协同利用，制备得到免蒸压轻质混凝土，最后将其扩展至中试线建设和生产试验，并使用生命周期评价的方法对其设备工艺进行优化，建立低碳、节能、高效的免蒸压轻质混凝土制备工艺技术，实现从固废到 FR-SAC，再从 FR-SAC 到 NA-LWC 的两次价值提升，开创了原料来源—清洁工艺—绿色产品的建筑行业全链条式固废资源化利用路线。

本研究旨在建立大宗工业固废规模化、资源化、高值化利用的创新技术路线，同时探究使用大宗工业固废制备 FR-SAC 时原料理化性质等对 FR-SAC 性能的影响规律，揭示 FR-SAC 中矿物形成的影响规律和变化机理；探明 FR-SAC 生产 NA-LWC 的原材料优化、产品性能、生产工艺调控机制，并实现中试放大应用；评价以工业固废制备 NA-LWC 全生命周期的环境影响，主要包括碳排放和资源耗能层面，从而反馈实现工艺最优化。

本研究紧密契合我国工业固废量大、面广等特点，坚持规模利用与高值利用相结合，推行多产业、多种类固废协同利用，打破单一固废的性能限制，克服固废利用时理化性质不稳定的行业难点，开创原料来源—清洁工艺—绿色产品的全链条式固废资源化利用路线，对推动我国实现绿色转型发展具有重要意义。

1.5.2　本研究的主要内容

本研究以国家重点研发计划项目"协同互补利用大宗固废制备绿色建材关键技术研究与应用（2017YFC0703100）"为依托，为了实现全工业固废协同互补制备免蒸压轻质混凝土，本研究的思路框架如图 1.4 所示。

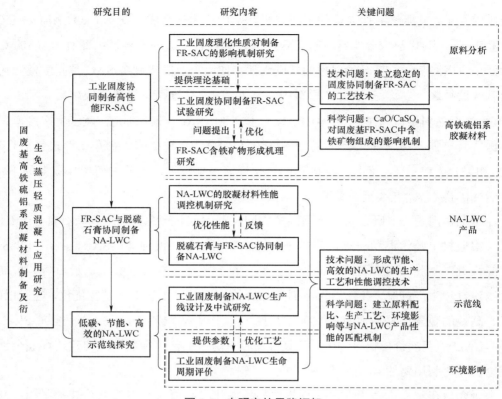

图 1.4 本研究的思路框架

本研究的主要内容如下。

（1）拟开展大宗工业固废的理化性质对其制备 FR-SAC 熟料的矿物组成的影响机制研究。FR-SAC 熟料矿物在 900～1 000 ℃时开始反应生成，首先，使用 XRD 和 TG-MS 分析不同固废原料在 1 000 ℃时的热分解产物，获得原料在反应前的矿物组成，使用该矿物制备 FR-SAC 熟料，从而研究固废原料中的矿物组成对 FR-SAC 熟料矿物组成的影响机制；其次，使用化学试剂代替固废作为原料，研究原料中的 Na、K、Ti 和 Mg 等少量元素对熟料矿物组成的影响机制，并使用固废逐一替代化学物质，验证固废作为 FR-SAC 熟料原料的可行性；最后，通过研究原料配比、煅烧温度、保温时间等对 FR-SAC 熟料矿物组成的影响机制，获得性能优越的 FR-SAC。

（2）拟揭示原料中 CaO 和 $CaSO_4$ 的含量对 FR-SAC 熟料中含铁矿物组成的影响规律，降低 FR-SAC 熟料对原料中 Al_2O_3 的需求，从而促使低品位矾土或者含铝固废可用于生产 FR-SAC。首先，使用化学试剂作为原料，通过 Rietveld 全谱拟合定量分析，计算得到不同含铁矿物中 Fe_2O_3 的含量，得到 $C_4A_{3-x}F_x\overline{S}$ 中 x 的数值大小；其次，通过 SEM-EDS、红外技术等手段验证计算结果，获得 CaO 和 $CaSO_4$ 含量对熟料中含铁矿物组成的影响规律，提高 Fe_2O_3 和 Al_2O_3 的有效利用率；最后，从热力学的角度分析不同含

16

铁矿物的形成原理，探索 CaO 或 CaSO$_4$ 含量对 FR-SAC 熟料中含铁矿物调控的原理，为降低熟料中氧化铝的需求量提供理论依据。

（3）拟探索外加剂对 FR-SAC 性能的调控作用，使 FR-SAC 可用于 NA-LWC 中的胶凝材料。首先，探索 PCE 对固废基 FR-SAC 净浆的减水率、粘度、抗压强度及水化性能的影响规律，并尝试从静电吸附角度阐述 PCE 的影响机理；其次，拟探究 CS、SO 和 SMS 三种疏水剂对 FR-SAC 净浆的水化活性、疏水性和机械性能的影响机制；最后，研究 HPMC 对固废基 FR-SAC 净浆的水化性能和机械性能的影响规律，为使用 FR-SAC 制备 NA-LWC 的性能调控寻求理论基础。

（4）拟探究 NA-LWC 的原料配比及制备工艺等对 NA-LWC 性能的影响，从而获得性能良好的 NA-LWC。首先，研究煅烧温度和时间对脱硫石膏性能的影响规律，探寻性能最佳的脱硫石膏胶凝材料；其次，探究制备 NA-LWC 时双氧水的分解规律，拟获得合适的分解条件；最后，探究胶凝材料配比、H$_2$O$_2$ 含量、水灰比和外加剂等参数对 NA-LWC 的性能的影响机制，探寻最适的配比与制备条件。

（5）以实验室研究结果为基础，拟开展工业固废制备免蒸压轻质混凝土中试线设计及中试研究。通过中试研究，获取 NA-LWC 生产时的生产效率与产品性能的关系，获得工业上使用工业固废制备 NA-LWC 的最佳工艺参数，得到工业生产中最佳性能的 NA-LWC。

（6）针对 FR-SAC 和 NA-LWC 生产过程中的环境影响问题，拟基于生命周期评价方法，以 NA-LWC 中试数据为数据来源，并与 AAC 做对比，研究 NA-LWC 全生命周期的环境影响；继续使用 LCA 得到 NA-LWC 不同过程的环境影响，并分析得到影响环境的关键步骤和关键物质，获得原料来源—清洁工艺—绿色产品的全链条式固废资源化利用路线。

第2章 工业固废协同制备FR-SAC试验研究

FR-SAC 的矿物组成主要有 $C_4A_3\bar{S}$、C_2S、C_4AF、C_2F 和 $C_4A_{3-x}F_x\bar{S}$。在烧制 FR-SAC 熟料时，其矿物组成主要由生料的化学组成决定。但是，当使用脱硫石膏、赤泥、铝型材电镀污泥、电石渣和粉煤灰作为原料烧制 FR-SAC 熟料时，固废中的少量元素及其矿物组成随温度的变化等将会影响 FR-SAC 熟料的矿物形成，从而影响 FR-SAC 的性能。

在本章，我们将首先探索固废原料在不同煅烧温度下的变化规律，获得原料在反应前的矿物组成，从而研究固废原料中的矿物组成对 FR-SAC 矿物组成的影响机制；其次探索原料中少量元素 Na、K、Ti 和 Mg 对 FR-SAC 熟料矿物组成的影响规律，降低少量元素对熟料矿物组成的影响，使用单一固废作为替代原料，验证全固废制备 FR-SAC 熟料的可行性；最后根据对其可行性、原料热分解特性及少量元素的影响的分析结果，探索不同原料配比及煅烧工艺参数对 FR-SAC 熟料的影响，得到性能优越的 FR-SAC。

2.1 试验原料及设备

2.1.1 试验原料

FR-SAC 的主要矿物组成为 C_4AF、C_2F、$C_4A_{3-x}F_x\bar{S}$ 和 C_2S，其化学组成主要包括 CaO、Fe_2O_3、Al_2O_3、SO_2 和 SiO_2。通过分析不同固废的化学组成可知，脱硫石膏的主要化学组成为 SO_2 和 CaO，可作为钙源和硫源；赤泥中含有大量的 Al_2O_3 和 Fe_2O_3，可作为铝源和铁源；铝型材电镀污泥的主要化学组成为 Al_2O_3，提供熟料中所需的氧化铝；电石渣的主要化学组成为 CaO，且主要以 $Ca(OH)_2$ 的矿物形式存在，既能够提供熟料中所需的 CaO，又能够减少 CO_2 的排放；粉煤灰中含有大量的 SiO_2 和 Al_2O_3，可作为熟料中的铝源和硅源。因此，本研究中使用脱硫石膏、赤泥、铝型材电镀污泥、电石渣、粉煤灰作为原料。它们的来源和化学组成分别见表 2.1 和表 2.2。除生成 FR-SAC

所需的化学元素外，固废原料中均含有少量的杂质，如 MgO、TiO_2、K_2O 和 Na_2O 等。固废原料的矿物组成如图 2.1 所示。除工业固废外，本章节研究中使用的化学试剂见表 2.3。

表 2.1　工业固废的原料来源

固废名称	属性	企业	位置
脱硫石膏	一般工业固废	中国国电集团聊城发电厂	山东省聊城市
赤泥	一般工业固废	信发集团	山东省聊城市
铝型材电镀污泥	一般工业固废	泰安安信工铝有限公司	山东省泰安市
电石渣	一般工业固废	山东省聊城市乙炔气厂	山东省聊城市
粉煤灰	一般工业固废	中国国电集团聊城发电厂	山东省聊城市

表 2.2　不同工业固废的主要化学组成（wt.%）[a]

	CaO	SiO_2	Al_2O_3	Fe_2O_3	SO_3	MgO	TiO_2	K_2O	Na_2O	LOI [b]
脱硫石膏	39.14	3.09	2.09	0.33	46.82	1.33	0.01	0	0	7.17
赤泥	4.05	17.37	20.97	33.8	1.34	0.58	4.43	2.88	4.75	9.81
铝型材电镀污泥	3.81	1.06	44.48	0.62	11.54	2.01	0	1.71	0.33	34.43
电石渣	65.10	2.12	0.94	0.30	0	0.33	0.02	0	0	29.05
粉煤灰	4.41	39.24	36.98	7.49	0.85	2.59	0.83	0.17	0.08	5.25

注：[a] 表示化学组成数据由 XRF 分析所得，[b] 表示烧失温度为 900 ℃。

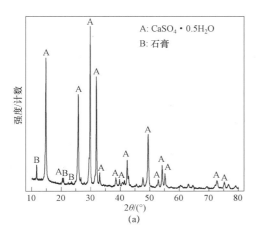
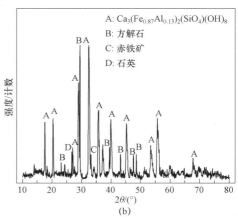

注：a 表示脱硫石膏；b 表示赤泥；

图 2.1　不同固废原料的 XRD 图

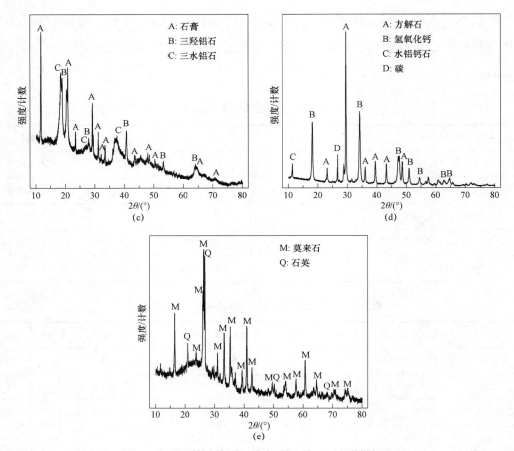

注：c 表示铝型材电镀污泥；d 表示电石渣；e 表示粉煤灰。

图 2.1　不同固废原料的 XRD 图（续）

表 2.3　化学试剂

试剂名称	纯度	状态	试剂名称	纯度	状态
$Ca(OH)_2$	化学纯	白色粉末	ZnO	分析纯	白色粉末
Al_2O_3	化学纯	白色粉末	NaOH	化学纯	白色粉末
SiO_2	化学纯	白色粉末	KOH	化学纯	白色粉末
$CaSO_4$	化学纯	白色粉末	TiO_2	化学纯	白色粉末
Fe_2O_3	化学纯	砖红色粉末	$Mg(OH)_2$	化学纯	白色粉末
无水乙醇	化学纯	无色液体			

2.1.2　试验设备

本研究用到的实验仪器及设备见表 2.4。

表 2.4　实验仪器及设备

仪器及设备名称	型号	产家
扫描电子显微镜（SEM）	JSM-IT500HR，	日本电子株式会社
扫描电子显微镜（SEM）	SUPRA 55	Carl Zeiss AG
X 射线衍射仪（XRD）	Aeris	Malvern Panalytical
X 射线荧光光谱仪（XRF）	PW 4400	Thermal Scientific
热重分析仪（TG-DSC）	TGA/DSC 1/1600	Mettler Toledo
八通道微量热仪	TAM Air	美国 TA 仪器
红外光谱仪（IR）	Nicolet iS	Thermo Fisher Scientific
激光粒度分析仪	Mastersizer3000	Malvern Panalytical
Zeta 电位测定仪	Nano ZS90	Malvern Panalytical
接触角测量仪	JC2000X6	上海中晨数字技术设备有限公司
体视显微镜	NSZ-818	宁波永新光学股份有限公司
流变仪	Kinexus lab＋	Malvern Panalytical
万分之一电子天平	FA 1004	上海上平仪器有限公司
高温升降炉	KSJ-1400 型	洛阳市新奇实验电炉厂
粉磨机	QM-3SP04	南京大学仪器厂
恒温恒湿养护箱	YH-40B	上海精科实业有限公司
压力试验机	YAW-300C	济南中路昌试验机制造有限公司
高速数显分散机	FS-400D	常州三丰仪器科技有限公司

2.2　试验方法

2.2.1　固废原料热分解特性分析

烧制 FR-SAC 熟料时，在低温下，固废原料发生分解，但相互之间不会发生反应。因此，将脱硫石膏、赤泥、铝型材电镀污泥、电石渣、粉煤灰分别在 50～1 000 ℃的温度范围内煅烧分解。探索在烧制 FR-SAC 熟料的过程中，不同原料的化学组成及矿物组成的变化过程，从而更好地分析固废烧制 FR-SAC 的影响机理。

2.2.2　原料配比设计及计算

博格算法是根据硅酸盐水泥熟料的目标矿物组成，估算原料化学组成的公式。其原理是根据熟料中矿物的化学配比，反推得到熟料的化学组成。在烧制 CSA 水泥熟料时，也经常使用博格算法计算所需原料的化学组成[17,123,124]。其计算公式如式 2-1～式 2-4 所示。

$$C_4AF\% = (F\%) \times \left(\frac{M_{C_4AF}}{M_F} \right) \qquad (式\ 2\text{-}1)$$

$$C_2S\% = (S\%) \times \left(\frac{M_{C_2S}}{M_S} \right) \qquad (式\ 2\text{-}2)$$

$$C_4A_3\bar{S}\% = \left(A\% - C_4AF\% \times \frac{M_A}{M_{C_4AF}} \right) \times \frac{M_{C_4A_3\bar{S}}}{3 \times M_A} \qquad (式\ 2\text{-}3)$$

$$C\bar{S}\% = \left(\bar{S}\% - C_4A_3\bar{S}\% \times \frac{M_{\bar{S}}}{M_{C_4A_3\bar{S}}} \right) \times \frac{M_{C\bar{S}}}{M_{\bar{S}}} \qquad (式\ 2\text{-}4)$$

另外，由于游离 CaO 具有较强的膨胀性，过量的游离 CaO 会严重影响 FR-SAC 的耐久性。因此，C_m 被用来控制 FR-SAC 熟料中的游离 CaO 的含量，其公式如式 2-5 所示。当 $C_m = 1.00$ 时，表示原料中的 CaO 含量刚好与 SiO_2、Al_2O_3、Fe_2O_3 及 TiO_2 反应生成相应的矿物；当 $C_m < 1.00$ 时，表示 CaO 含量不足；相反，当 $C_m > 1.00$ 时，表示 CaO 含量过量，会生成游离 CaO。因此，在配料时，C_m 值通常小于或等于 1.00。

$$C_m = \frac{CaO - 0.7TiO_2}{1.87SiO_2 + 0.73(Al_2O_3 - 0.64Fe_2O_3) + 1.40Fe_2O_3} \qquad (式\ 2\text{-}5)$$

在本研究中，为确保 FR-SAC 具有足够的后期强度，不同熟料中 C_2S 的含量均设定为 30 wt.%；为防止部分 $CaSO_4$ 发生分解造成参与反应的 SO_3 含量不足，熟料中设计了 10 wt.% 的 $CaSO_4$ 的剩余。同时，与常规硫铝酸盐水泥熟料相比，当增加氧化铁的含量时，氧化铝的用量相应降低，而熟料中 C_4AF 与 $C_4A_3\bar{S}$ 的总量保持不变。

首先，使用化学试剂为原料，制备含量为 20 wt.% 的 FR-SAC 熟料，将熟料中 $C_4A_3\bar{S}$:C_4AF:C_2S:$CaSO_4$ 剩余量设计为 40:20:30:10，C_m 的值为 1.00，命名为 F20；以 F20 熟料的配比为基准，分别再添加 0.5 wt.%、1 wt.%、2 wt.% 和 3 wt.% 的 MgO、TiO_2、K_2O 和 Na_2O，探索固废中的少量元素对 FR-SAC 熟料中矿物组成的影响。其次，以 F20 熟料的原料配比为基础，分别使用电石渣、脱硫石膏、赤泥、铝型材电镀污泥和粉煤灰中的一种固废代替生料中的部分化学试剂，制备得到 FR-SAC 熟料，从而获得单一固废对

FR-SAC 熟料矿物组成的影响。

根据固废的热分解规律及少量元素对 FR-SAC 矿物形成的影响规律，以脱硫石膏作为钙源和硫源，赤泥作为铝源和铁源，铝型材电镀污泥作为铝源，粉煤灰作为铝源和硅源制备 FR-SAC 熟料，探索煅烧工艺（煅烧温度和保温时间）及原料配比（C_m、$CaSO_4$ 和 Fe_2O_3 的含量）对熟料的影响。其中，不同配比的原料组成见表 2.5。当熟料中添加不同 Fe_2O_3 含量的生料时，C_2S 和 $CaSO_4$ 的含量均保持为 30 wt.% 和 10 wt.%。当配置不同 $CaSO_4$ 剩余量的生料时，C_m 值均为 1.00，铝铁比保持不变，$CaSO_4$ 的理论剩余量分别为 0、5、10、15 和 20 wt.%。当配制不同 C_m 的原料时，熟料中的目标矿物组成为 $C_4A_3\bar{S}$:C_2S:C_4AF:$CaSO_4$ 为 40:30:20:10，其 C_m 值分别为 0.90、0.95、1.00、1.05 和 1.10。

表 2.5　不同固废基 FR-SAC 熟料的目标矿物组成及原料配比（wt.%）

	$SW_{0.9}$	$SW_{0.95}$	$SW_{1.00}$	$SW_{1.05}$	$SW_{1.10}$	SW_{F10}	SW_{F15}	SW_{F20}	SW_{F25}	SW_{F30}
$C_4A_3\bar{S}$	40	40	40	40	40	50	45	40	35	30
C_2S	30	30	30	30	30	30	30	30	30	30
C_4AF	20	20	20	20	20	10	15	20	25	30
$CaSO_4$	10	10	10	10	10	10	10	10	10	10
电石渣	41.5	44.6	48	51.00	54.2	46.2	47	48	49.40	50.4
赤泥	11.4	11.4	11.4	11.4	11.4	4	7.8	11.4	15.20	19
脱硫石膏	10.6	10.6	10.6	10.6	10.6	10.4	10.4	10.6	10.40	10.4
铝型材电镀污泥	22.8	22.8	22.8	22.8	22.8	28.8	25.8	22.8	19.20	16
粉煤灰	7.2	7.2	7.2	7.2	7.2	10.6	9	7.2	5.80	4.2
C_m	0.90	0.95	1.00	1.05	1.10	1.00	1.00	1.00	1.00	1.00

2.2.3　FR-SAC 制备方法

如图 2.2 所示，首先，根据原料配比（见表 2.5）称取一定量（约为 100 g）的化学药品或者工业固废原料。其次，将称好的药品倒入球磨机中混合均匀；将混合物中加入少量的水，将其压制成圆柱形薄片；将薄片放置在坩埚中烘干，并置于高温升降炉中；在特定的升温程序下，将高温炉加热至 1 150～1 250 ℃，并保温 0～30 min。再次，将熟料试块取出，置于室温下急冷，得到 FR-SAC 熟料。最后，将 FR-SAC 熟料置于研磨机中研磨 60 s，得到 FR-SAC 熟料粉末，用于分析测试；向熟料中掺入一定比例的二水石膏，混合粉磨、过筛，使用 200 目的筛子，筛余小于 3 wt.%，即可制得 FR-SAC。

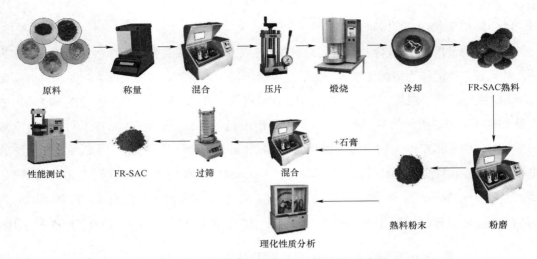

图 2.2　FR-SAC 熟料和胶凝材料制备示意图

2.2.4　FR-SAC 水化产物制备方法

称取一定量的 FR-SAC，将水灰比为 0.5 的水添加至胶凝材料中，搅拌 2 min。随后将浆体倒入塑料样品袋中，在（20±1）℃的温度下密封保存。在 1 天、28 天水化后，将水化后的净浆试块取出并压碎。将压碎后的试块碎块和颗粒浸泡在丙酮中以终止试块的水化，再用乙醚浸泡去除残余的水分。然后将试块碎块与粉末均在 40 ℃烘箱中烘干至恒重。取烘干后的薄层试块用于测定 SEM。另一部分试块在无水乙醇中继续研磨成粉末，烘干后用于测定 FR-SAC 水化产物的 XRD 等。

2.2.5　宏观性能测试

2.2.5.1　标准稠度用水量及凝结时间

根据国家标准《水泥标准稠度用水量、凝结时间、安定性检验方法》（GB/T 1346—2011）测定 FR-SAC 的标准稠度用水量和凝结时间[125]。

2.2.5.2　净浆试块的抗压强度

在 FR-SAC 中加入水灰比为 0.30 的水，搅拌均匀；将浆体倒入尺寸为 20 mm×20 mm×20 mm 的模具中；在（20±1）℃，95%RH 的环境中静置 6 h；随后脱模，并将试块放置在温度为（20±1）℃的水中浸泡养护至一定龄期（1 天、3 天和 28 天）；取出试块，测试其抗压强度。

2.2.5.3　胶凝材料粒度分析

称取少量的 FR-SAC，将其倒入固液比为 0.1 mg/mL 的无水乙醇中；经 10 min 的超声振荡分散后，使用马尔文激光粒度分析仪测定样品的粒度及比表面积。

2.2.6　微观特性测试

2.2.6.1　X 射线衍射（XRD）分析

将固废原料和 FR-SAC 熟料研磨至 200 目以下。对于可能存在非晶相的样品，Rietveld 定量分析时需添加内标物。在制备检测样品时，以 P63mc 晶型的 ZnO（纯度为 99.9%）作为内标物。将熟料或胶凝材料与 ZnO 以 4:1 的质量比混合。随后将混合物放在玛瑙研钵中研磨 30 min，确保其混合均匀。使用 Panalytical Aeris X 射线衍射仪检测得到样品的衍射图谱。其中，辐射金属靶为 Cu-Kα（λ＝1.540 4 Å），光管电压为 40 kV，电流为 15 mA；固废及其热分解产物的扫描角度为 10～80°，熟料的扫描角度 2θ 为 10～50°，扫描速度均为 1.2° /min。

使用 Jade 和 Highscore 定性分析，得到样品的矿物组成。使用 Topas 软件，对图谱进行 Rietveld 精修、全谱拟合及 Rietveld 定量相分析（RQPA）[126–129]。在精修过程中，精修参数主要包括背景系数、仪器参数、零点校正、晶胞参数、洛伦兹极化因子和择优取向等。精修过程中涉及的晶体结构见表 2.6。

表 2.6　Rietveld 定量相分析中物相的晶体结构

相位	空间群	ICSD 码	相位	空间群	ICSD 码
$C_4A_3\bar{S}$ -o[130]	I-43m	80 361	$C_4A_3\bar{S}$ -c[131]	Pcc2	9 560
C_2S-be[132]	P121/nl	79 551	C_2S-al'[132]	Pnma	81 097
C_4AF[133]	Ibm2	9 197	$CaSO_4$[134]	Bmmb	16 382
C_2AS[135]	P-421m	87 144	$C_5S_2\bar{S}$ [136]	Pnma	85 123
C_2F[137]	Pnma	15 059	ZnO	P63mc	65 120

2.2.6.2　X 射线荧光光谱（XRF）分析

采用 X 射线荧光光谱仪测定 FR-SAC 熟料的化学组成。其中，采用压片法制备样品。

将熟料研磨至 200 目以下，在 110 ℃ 下干燥 2 h；以硼酸为粘合剂，使用压片机将熟料粉末压制成薄片，用于检测。

2.2.6.3　热重（TG）和热重-质谱联用（TG-MS）分析

采用热重分析仪测定固废原料或水化产物的热失重现象，结合样品的矿相组成和失重情况，得到失重物质的质量百分数。采用热重分析仪与质谱分析仪测定固废原料在热失重过程中分解产生的气体种类，结合样品的失重温度和矿物组成，得到失重物质的矿物变化规律。测定条件：样品量为 8～12 mg，反应气为空气，保护气为 Ar，反应气流速为 50 mL/min，保护气流速为 20 mL/min，升温速率为 10 ℃/min，升温范围为 40～1 000 ℃。质谱仪检测气体包括 CO_2（质荷比 $m/z = 44$）、H_2O（$m/z = 17$、18）、O_2（$m/z = 16$）、N_2（$m/z = 14$）、SO_x（$m/z = 48$、64）和 NO_2（$m/z = 46$）。

2.2.6.4　扫描电子显微镜-能谱（SEM-EDS）分析

扫描电子显微镜用于观察熟料及水化产物的微观形貌，并用 EDS 获得特定形貌的化学组成。取 FR-SAC 熟料和胶凝材料水化产物薄片，用导电胶将样品粘贴在铜质样品座上；表面喷金 60 s 后，置于扫描电子显微镜中，观察样品的微观形貌，测试电压为 30 kV；选取特定形貌区域，扫描能谱，得到该区域的元素组成。

2.2.6.5　水化热分析

使用配有混合安瓿的八通道 TAM-AIR 等温量热仪测定 FR-SAC 的水化热。使用 2 g 胶凝材料和 1 g 水进行实验，在 20 ℃ 的恒定温度下记录 24 h 或 72 h 的热流速率和累积放热量。

2.3　固废原料热分解矿物组成变化规律研究

2.3.1　电石渣热分解

图 2.3 为电石渣热分解过程中的 TG-MS 图及其在不同温度热分解后的 XRD 图。从失重图中可以看出，随着温度的升高，电石渣分别在 100 ℃、470 ℃ 和 780 ℃ 左右发生明显的质量损失。从质谱图中可以看出，在 100 ℃ 和 470 ℃ 时，释放的气体主要为水蒸气，而在 780 ℃ 时产生的气体为 CO_2，且有少量的 O_2 产生；另外，在 470 ℃ 和 780 ℃ 时均有少量的 N_2 吸附。

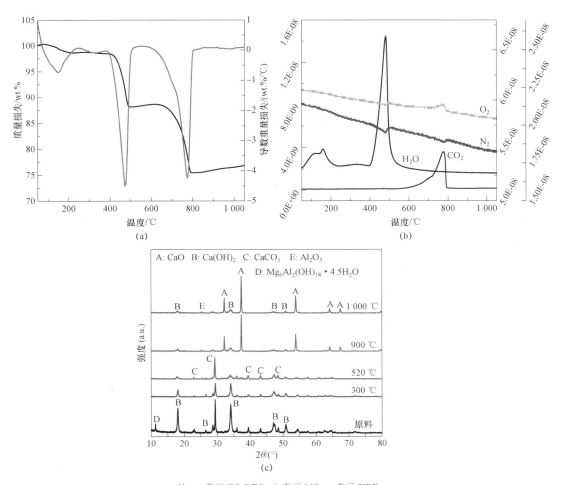

注：a 表示 TG-DTG；b 表示 MS；c 表示 XRD。

图 2.3　电石渣热分解 TG-MS 图及热分解后 XRD 曲线

由 XRD 图可以看出，在电石渣原料中，主要的矿物组成为 $Ca(OH)_2$ 和 $CaCO_3$，还有少量的 Mg、Al 元素的水合物。将 TG-MS 结果与 XRD 结果结合分析可知，当对电石渣进行煅烧时，在 100 ℃左右出现了微小的失重，即为镁铝金属水合物失去了结合水。此时，电石渣主要由 $Ca(OH)_2$ 和 $CaCO_3$ 组成。随着温度的进一步升高，$Ca(OH)_2$ 和 $CaCO_3$ 分别在 470 ℃和 780 ℃分解形成 CaO。当温度达到 1 000 ℃时，电石渣中可得到纯度较高的 CaO 和微量的 Al_2O_3。整个过程中涉及的化学反应仅有如式 2-6、式 2-7、式 2-8 所示的以下三个反应。

$$Mg_6Al_2(OH)_{18} \cdot 4.5H_2O \xrightarrow{100\sim200\,℃} 6MgO + Al_2O_3 + 13.5H_2O \qquad （式 2-6）$$

$$Ca(OH)_2 \xrightarrow{400\sim500\,℃} CaO + H_2O \qquad （式 2-7）$$

$$CaCO_3 \xrightarrow{650\sim800\,℃} CaO + CO_2 \qquad （式 2-8）$$

因此，使用电石渣作为钙源制备 FR-SAC 熟料，高温时，电石渣中的 CaO 纯度较高，且均以氧化物的形式存在，对熟料的矿物形成影响较小。

2.3.2 脱硫石膏热分解

图 2.4 为脱硫石膏热分解过程中的 TG-MS 图及其在不同温度热分解后的 XRD 图。从失重图中可以看出，脱硫石膏仅在温度为 100～200 ℃时存在明显的失重过程。而且，尽管使用质谱仪探测多种气体的气流变化，但仅有水蒸气明显的释放过程。该失重过程的分解反应为 $CaSO_4 \cdot 2H_2O$ 失去 1.5 个水变为 $CaSO_4 \cdot 0.5H_2O$，随后继续失水，形成无水 $CaSO_4$。此外，从质谱图中可以看出，在 $CaSO_4 \cdot 2H_2O$ 失去结合水的同时，脱硫石膏粉末中吸附少量的 N_2 和 O_2。当温度超过 200 ℃直至 1 000 ℃时，不再有化学反应发生。从 XRD 图中可知，在 1 000 ℃时，脱硫石膏中得到纯度较高的无水 $CaSO_4$。因此，脱硫石膏较高的 $CaSO_4$ 含量有益于 FR-SAC 熟料的形成。

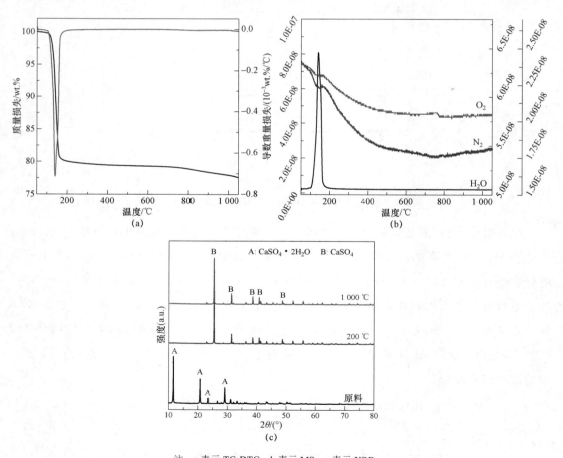

注：a 表示 TG-DTG；b 表示 MS；c 表示 XRD。

图 2.4 脱硫石膏热分解 TG-MS 图及热分解后 XRD 曲线

2.3.3　赤泥热分解

图 2.5 为赤泥热分解过程中的 TG-MS 图及其在不同温度热分解后的 XRD 图。从失重图中可以看出，赤泥的失重峰比较复杂。赤泥在 170 ℃、240 ℃、400 ℃和 740 ℃左右均有明显的失重峰。结合气体的质谱图分析可知，在 170 ℃、240 ℃和 400 ℃时，赤泥分解产生水蒸气；在 740 ℃时，赤泥分解产生 CO_2 和少量的 NO_2；另外，在 300 ℃左右时，也有少量的 CO_2 产生。从 XRD 图可以分析出，赤泥原料中，矿物组成种类复杂，随着温度的升高，矿物组成发生转变；但是，仅依靠 XRD 分析很难确定赤泥中的矿物组成。

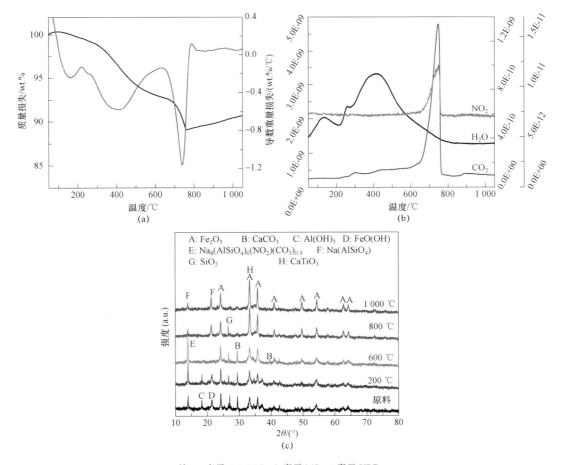

注：a 表示 TG-DTG；b 表示 MS；c 表示 XRD。

图 2.5　赤泥热分解 TG-MS 图及热分解后 XRD 曲线

结合赤泥的 TG-MS 图与 XRD 图能够得知，170 ℃时，赤泥原料中的钠铝硅酸盐的水合物失去结合水，从而释放出水蒸气。随着温度的升高，在 200～600 ℃ 范围内，$Al(OH)_3$ 热分解为 Al_2O_3 和 H_2O；$FeO(OH)$ 失水生成 Fe_2O_3。当温度升高至 650～800 ℃ 时，此时质谱仪检测到有 CO_2 和少量的 NO_2 生成。根据分析可知，一部分 CO_2 由赤泥中的 $CaCO_3$ 分解产生，但并没有 CaO 残留；另一部分 CO_2 和少量的 NO_2 则由 $Na_8(AlSiO_4)_6(NO_2)(CO_3)_{0.5}$ 分解生成 $Na(AlSiO_4)$ 产生。当温度大于 800 ℃ 达到 1 000 ℃ 时，SiO_2 的特征峰消失，赤泥中的矿物相主要以 Fe_2O_3 和 $Na(AlSiO_4)$ 的形式存在，同时还存有一定量的 $CaTiO_3$。因此，在熟料煅烧过程中，赤泥的矿物组成复杂，化学反应多变，不利于 FR-SAC 熟料的稳定生成，需进一步研究其对熟料生成的影响。

2.3.4　铝型材电镀污泥热分解

图 2.6 为铝型材电镀污泥热分解过程中的 TG-MS 图及其在不同温度热分解后的 XRD 图。从失重图中可以看出，铝型材电镀污泥的失重峰主要是由产生水蒸气而引起的，其在 270 ℃和 770 ℃左右有明显的失重峰。其中，在 50～400 ℃ 范围内，共有三个失重峰。结合 XRD 分析可知，该峰分别由 $Al_2(SO_4)_3 \cdot 5H_2O$、$CaSO_4 \cdot 2H_2O$ 和 $Al(OH)_3$ 失水产生。当温度达到 770 ℃时，铝型材电镀污泥中的 $Al_2(SO_4)_3$ 分解形成 Al_2O_3，同时释放出 SO_2 和 O_2。随着温度继续升高，$Al_2(SO_4)_3$ 完全分解。当温度达到 1 000 ℃时，铝型材电镀污泥中仅能检测到 Al_2O_3 和少量的 $CaSO_4$，而没有其他杂质存在。在烧制 FR-SAC 熟料时，

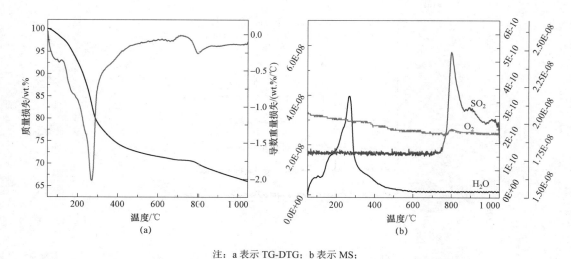

注：a 表示 TG-DTG；b 表示 MS；

图 2.6　铝型材电镀污泥热分解 TG-MS 图及热分解后 XRD 曲线

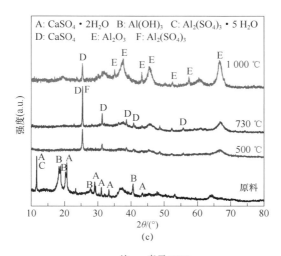

注：c 表示 XRD。

图 2.6　铝型材电镀污泥热分解 TG-MS 图及热分解后 XRD 曲线（续）

铝型材电镀污泥是一种理想的铝源。但是，由于 $Al_2(SO_4)_3$ 分解温度较低，其过早的分解可能会造成熟料中硫含量的缺失。因此，使用铝型材电镀污泥制备 FR-SAC 熟料时，需重点关注其对熟料中含硫矿物的影响。

2.3.5　粉煤灰热分解

图 2.7 为粉煤灰热分解过程中的失重图及其在不同温度热分解后的 XRD 图。从图中可以看出，在 200 ℃以内，有两个明显的失重峰。其中，根据文献可知，100 ℃以下的失重峰为粉煤灰中的吸附水脱水过程[138,139]。结合 XRD 图可知，在 120 ℃时的失重峰是由粉煤灰中少量的 $CaSO_4 \cdot 2H_2O$ 失水产生的。当温度升高至 600 ℃时，粉煤灰出现一个明显的失重峰。但是，从 XRD 图中并没有观察到矿物的变化。因此，根据文献推断可知，此处为非晶相的残碳在空气气氛中热解产生的失重峰。当温度达到 1 000 ℃时，粉煤灰中的非晶态 SiO_2 的"鼓包"减小，而出现了晶相的 SiO_2。同时，部分莫来石分解，与其中少量的 Na 结合产生 $Na(AlSi_3O_8)$。此时，粉煤灰中的主要矿物依旧是莫来石和石英，还有一定量的 Fe_2O_3、$Na(AlSi_3O_8)$ 和晶态 SiO_2。尽管高温下的粉煤灰矿物组成并不复杂，但是由于莫来石的分解温度大于 1 500 ℃，因此在熟料烧制过程中，莫来石能否参与反应将极大地影响熟料中矿物的形成。

综上所述，依据电石渣、脱硫石膏、赤泥、铝型材电镀污泥和粉煤灰的热分解过程中的矿物转变规律可知，高温煅烧时，电石渣和脱硫石膏的主要矿物组成单一，纯度较高，对 FR-SAC 熟料的烧制过程影响较小；而铝型材电镀污泥中含硫物质较低的分解温度、赤泥中复杂的矿物组成及粉煤灰中莫来石的存在可能会对 FR-SAC 熟料的矿物组成和原料的配置产生一定的影响。

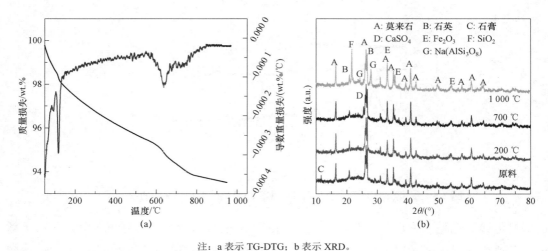

注：a 表示 TG-DTG；b 表示 XRD。

图 2.7　粉煤灰热分解失重图及热分解后 XRD 曲线

2.4　原料性质对 FR-SAC 熟料矿物组成的影响规律研究

2.4.1　未分解矿物对 FR-SAC 熟料矿物组成的影响规律研究

在使用工业固废制备 FR-SAC 熟料时，根据固废原料热分解后的矿物组成可知，电石渣、脱硫石膏分别作为 FR-SAC 熟料的钙源和硫源，经高温煅烧后的矿物组成纯度较高，几乎不存在明显的杂质矿物，主要矿物为 CaO 和 $CaSO_4$。在赤泥和粉煤灰作为原料时，经高温煅烧后，赤泥在 1 000 ℃下热分解后的矿物组成主要为 Fe_2O_3 和 $Na(AlSiO_4)$，粉煤灰热分解后的矿物组成主要为莫来石（Mullite）、SiO_2、Fe_2O_3 和 $Na(AlSi_3O_8)$。其中，莫来石和长石[$Na(AlSiO_4)$ 和 $Na(AlSi_3O_8)$]在 1 000 ℃的煅烧温度下无法分解，所以它们能否与其他简单矿物发生反应将会影响 FR-SAC 熟料中活性矿物的形成。另外，尽管铝型材电镀污泥分解后的矿物为纯度较高的 $CaSO_4$ 和 Al_2O_3，但是铝型材电镀污泥中的部分 SO_2 以 $Al_2(SO_4)_3$ 的形式存在，其分解温度小于 800 ℃，$Al_2(SO_4)_3$ 过早地分解将会导致熟料中 SO_2 的含量减少，影响 FR-SAC 熟料的矿物组成。因此，需探讨莫来石、长石和

$Al_2(SO_4)_3$ 对 FR-SAC 熟料矿物组成的影响。

以化学试剂为原料，配制三组化学组成相同但化学成分来源不同的 FR-SAC 熟料原料配比。其中，第一组中的 SO_3 全部来自 $CaSO_4$；第二组的 SO_3 一半来自 $CaSO_4$，另一半来自 $Al_2(SO_4)_3$；第三组的 SO_3 全部来自 $Al_2(SO_4)_3$。烧制得到的 FR-SAC 熟料的 XRD 图如图 2.8 所示。从图中可以看出，当原料中的 SO_3 来自 $Al_2(SO_4)_3$ 时，尽管 $Al_2(SO_4)_3$ 的分解温度较低，但熟料并没有因此而出现 SO_3 不足的现象。当原料中配入的 SO_3 全部来自 $Al_2(SO_4)_3$ 时，FR-SAC 熟料中仍检测到少量的 $CaSO_4$ 存在；而且，来自 $Al_2(SO_4)_3$ 的 SO_3 的量从 0 增加至 100% 时，熟料中残余的 $CaSO_4$ 的含量逐渐减少。这表明 $Al_2(SO_4)_3$ 的分解导致了一小部分 SO_3 的逸出，但大部分的 SO_3 与熟料中的 CaO 发生反应生成 $CaSO_4$。因此，尽管 $Al_2(SO_4)_3$ 的分解温度较低，但原料中的 SO_3 来自 $Al_2(SO_4)_3$ 对熟料的矿物组成影响不大，铝型材电镀污泥热分解过程不会影响 FR-SAC 熟料的矿物组成。

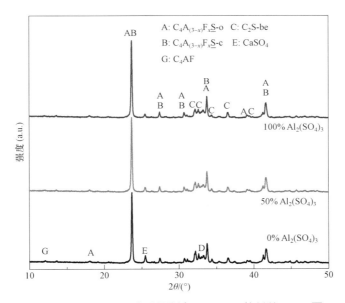

图 2.8　以 $Al_2(SO_4)_3$ 为硫源制备 FR-SAC 熟料的 XRD 图

与上述以 $Al_2(SO_4)_3$ 为原料的配比相似，以莫来石为原料中的铝源和硅源，0、50% 和 100% 代替原料中的 Al_2O_3 和 SiO_2，得到的 FR-SAC 熟料的 XRD 图如图 2.9 所示。从图中可以看出，不同含量的莫来石代替 Al_2O_3 和 SiO_2 作为原料时，得到的 FR-SAC 熟料的矿物组成几乎相同。这表明原料中的莫来石能够与其他矿物完全反应生成活性矿物。因此，粉煤灰的热分解过程不会影响 FR-SAC 熟料的矿物组成。

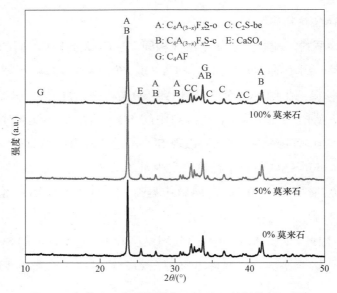

图 2.9　以莫来石为硅源制备 FR-SAC 熟料的 XRD 图

2.4.2　Na、K、Ti 和 Mg 对 FR-SAC 熟料矿物组成的影响规律研究

除工业固废原料中的主要矿物对 FR-SAC 熟料烧制过程的影响外，原料中的少量元素也会影响 FR-SAC 熟料的矿物组成。本小节以化学药品为原料，研究了原料中少量元素 K、Na、Mg 和 Ti 对 FR-SAC 熟料中活性矿物形成的影响。

作为制备 FR-SAC 熟料的原料，赤泥是主要的铁源和铝源。然而，赤泥中含有约 5 wt.%的 Na_2O，过多的 Na_2O 会影响 FR-SAC 熟料中活性矿物的形成。图 2.10 为原料中含有不同量的 Na_2O 时 FR-SAC 熟料的 XRD 图。从图中可以看出，当原料中存在一定量的 Na_2O 时，熟料中有 Na_2SC_4 和 $Na_6Si_8O_9$ 生成。而且，随着 Na_2O 含量的增加，熟料中残余的 $CaSO_4$ 含量减少，这与 $CaSO_4$ 分解的研究结果相一致[140]。Na_2O 杂质的添加能够促进 $CaSO_4$ 的分解。此外，随着 Na_2O 的增加，C_4AF 的含量增加，相应地，熟料中以 $C_4A_{3-x}F_x\bar{S}$ 形式存在的 Fe_2O_3 含量降低。这是因为当熟料中的一部分 SiO_2 和 SO_3 与 Na_2O 反应生成 Na_2SO_4 和 $Na_6Si_8O_9$ 后，熟料中多余的 CaO 含量增加，从而促进更多的 Fe_2O_3 生成 C_4AF[141]。

除 Na_2O 外，赤泥中还有约 5 wt.%的 TiO_2。当原料中有 TiO_2 存在时，同样会影响 FR-SAC 熟料中活性矿物的形成。图 2.11 为原料中含有不同量的 TiO_2 时 FR-SAC 熟料的 XRD 图。从图中可以看出，当原料中有 TiO_2 存在时，熟料中会出现明显的 $CaTiO_3$ 的特征峰。但是，由于 $CaTiO_3$ 的形成消耗了大量的 CaO，从而导致原料中的 CaO 含量过少，碱度系数降低，产生了大量的钙铝黄长石（C₂AS）。与此同时，大量的 C₂AS 未能进一步反应也导致熟料中 C₂S 的含量降低。此外，从 XRD 图中观察到 CaSO₄ 的特征峰变化不大，Fe₂TiO₅ 的出峰位置与 CaSO₄ 的特征峰重叠。经分析发现，CaSO₄ 的含量随着 TiO₂ 的增加而减少，而 Fe₂TiO₅ 的含量随着 TiO₂ 的增加而增加。因此，2θ 为 25.5° 时的衍射峰没有明显的变化。总之，原料中的 TiO₂ 显著地影响 FR-SAC 熟料中的矿物组成。

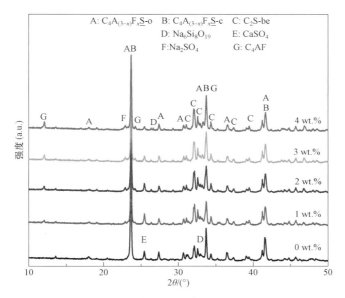

图 2.10　原料中 Na₂O 含量不同时 FR-SAC 熟料的 XRD 图

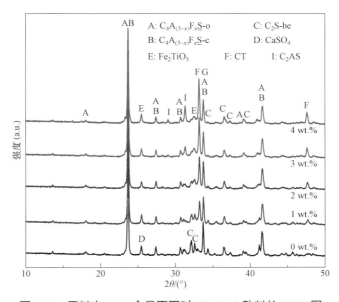

图 2.11　原料中 TiO₂ 含量不同时 FR-SAC 熟料的 XRD 图

除 Na_2O 和 TiO_2 之外,赤泥和铝型材电镀污泥中均存在 2～3 wt.%的 K_2O,脱硫石膏、铝型材电镀污泥和粉煤灰中均存在 2 wt.%左右的 MgO。因此,了解 K_2O 和 MgO 含量对 FR-SAC 熟料中矿物组成的影响至关重要。图 2.12 为原料中含有不同量的 K_2O 或 MgO 时 FR-SAC 熟料的 XRD 图。从图中可以看出,原料中添加一定量的 K_2O 时,熟料中形成少量的 $KAlSi_3O_8$。与添加 Na_2O 时类似,原料中 K_2O 含量的增加能够促进 $CaSO_4$ 的分解,使熟料中 $CaSO_4$ 的剩余量减少,C_4AF 的含量略有增加。但相比于 Na_2O,原料中含有一定量的 K_2O 对熟料的矿物组成影响较小。当原料中添加了不同含量的 MgO 时,

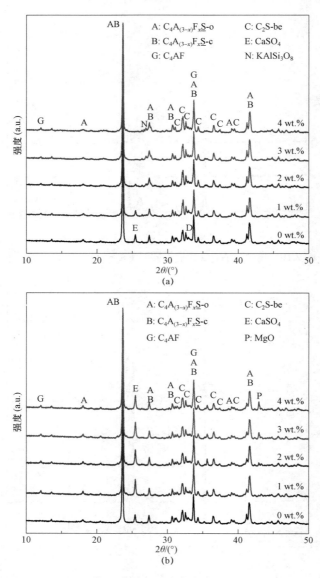

注:a 表示 K_2O;b 表示 MgO。

图 2.12 原料中 K_2O 和 MgO 含量不同时 FR-SAC 熟料的 XRD 图

FR-SAC 熟料中活性矿物的 XRD 峰几乎没有变化,仅仅是随着原料中 MgO 含量的增加,熟料中的 MgO 含量相应地增加。这是因为当温度在 1 000 ℃ 以上时,$Mg(OH)_2$ 分解转化为重烧 MgO,其化学活性低,不与其他物质发生反应。因此,原料中少量的 MgO 几乎不会影响熟料中活性矿物的形成。

总之,除固废原料中的主要化学成分 CaO、Al_2O_3、SiO_2、SO_2 和 Fe_2O_3 外,Na_2O 和 TiO_2 显著影响 FR-SAC 熟料中活性矿物的组成,而 K_2O 和 MgO 对活性矿物组成的影响相对较小。因此,在原料配置过程中,需尽量降低少量元素对活性矿物的影响,保持固废基 FR-SAC 熟料和水泥的性能稳定。

2.4.3　单一固废对 FR-SAC 熟料矿物组成的影响规律研究

从工业固废原料在高温煅烧过程中的变化规律可知,电石渣和脱硫石膏中的 CaO 和 SO_3 在高温下均以 CaO 或 $CaSO_4$ 的形式存在,对 FR-SAC 熟料中有效矿物的形成影响较小。但是,在高温下,赤泥、铝型材电镀污泥和粉煤灰中的化学成分并非以氧化物的形式存在,其存在的矿物形式可能影响 FR-SAC 熟料中有效矿物的形成。另外,工业固废中的少量元素也会影响 FR-SAC 熟料的矿物组成。因此,通过使用某一种工业固废作为替代原料制备 FR-SAC 熟料,得到单一固废对熟料矿物形成的影响结果,从而更全面地掌握工业固废制备 FR-SAC 熟料的影响因素。

图 2.13 为分别使用电石渣、脱硫石膏、赤泥、铝型材电镀污泥和粉煤灰中的某一固废与化学试剂配料制备得到的 FR-SAC 熟料的矿物组成 XRD 图。从图中可以看出,不同固废作为原料时,制备得到的 FR-SAC 熟料的主要矿物仍然为 $C_4A_{3-x}F_x\overline{S}$ 和 C_2S,同时有一定量的 $CaSO_4$ 和 C_4AF 生成。其中,在所有熟料中,$C_4A_{3-x}F_x\overline{S}$ 均以立方晶形和单斜晶形两种晶体结构存在。在以纯化学试剂或者赤泥、铝型材电镀污泥、粉煤灰为固废原料时,C_2S 以 $\beta\text{-}C_2S$ 形式存在于熟料中;但是以电石渣或脱硫石膏为固废原料时,在 FR-SAC 熟料中检测到部分 $\alpha'\text{-}C_2S$。

在以不同固废作为原料制备得到的熟料中,$C_4A_{3-x}F_x\overline{S}$ 的含量差别较大。其中,以纯化学试剂为原料或者以粉煤灰为某一原料制备得到的熟料中,$C_4A_{3-x}F_x\overline{S}$ 的含量较大。此时,两种熟料中均没有观察到明显的 C_4AF 特征峰。而以电石渣、脱硫石膏、赤泥或铝型材电镀污泥作为原料所得到的熟料中明显含有一定量的 C_4AF,但是 $C_4A_{3-x}F_x\overline{S}$ 的含量相应地减少。这与少量元素对熟料中 $C_4A_{3-x}F_x\overline{S}$ 和 C_4AF 的含量的影响结果是相一致的。

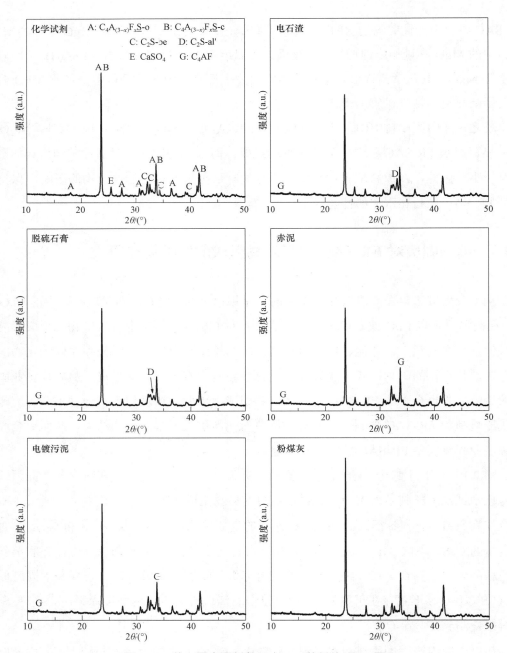

图 2.13 单一固废源制备 FR-SAC 熟料的 XRD 图

赤泥中含有 Na_2O、K_2O 和 TiO_2 等少量元素，种类较多，且含量略大，但在使用赤泥作为原料制备得到的 FR-SAC 熟料中，并没有观察到赤泥热分解产生的 $Na(AlSiO_4)$ 和 $CaTiO_3$，也没有观察到 Na_2O、K_2O 和 TiO_2 对矿物组成的影响。使用粉煤灰作为固废原料时，熟料中也没有观察到莫来石。这说明固废高温分解产生的矿物能够参与熟料中活性矿物形成的反应。

另外，需要注意的是，尽管固废原料中含有一定量的少量元素，但是仅仅使用一种固废作为原料制备 FR-SAC 熟料时，其用量有限，在熟料中没有发现由 Na_2O、K_2O、MgO 和 TiO_2 等少量元素所生成矿物的特征峰。

总之，使用以上工业固废作为制备 FR-SAC 熟料的原料时，其化学组成能够有效地代表参与熟料生成反应的化学组成，其中的少量元素对 FR-SAC 熟料活性矿物组成的影响有限。因此，使用电石渣、脱硫石膏、赤泥、铝型材电镀污泥和粉煤灰制备 FR-SAC 熟料是可行的。

2.5 制备参数及原料配比对 FR-SAC 熟料矿物组成的影响研究

使用电石渣、脱硫石膏、赤泥、铝型材电镀污泥和粉煤灰中的单一固废制备 FR-SAC 熟料时，熟料中的矿物组成与市售 FR-SAC 熟料中的矿物组成相差不大。这证明了固废制备 FR-SAC 熟料的可行性。但是，工业固废制备 FR-SAC 熟料的原料配比和工艺参数仍需进一步优化。因此，本小节主要探究原料配比及工艺参数对工业固废制备 FR-SAC 熟料的影响。

2.5.1 制备参数对工业固废基 FR-SAC 熟料性能的影响研究

2.5.1.1 煅烧温度

在煅烧 FR-SAC 熟料的过程中，$C_4A_3\bar{S}$ 和 $\beta\text{-}C_2S$ 在 1 000 ℃左右时开始生成；升温至 1 250 ℃时，$\beta\text{-}C_2S$ 开始与未分解的 $CaSO_4$ 反应而减少；$C_4A_3\bar{S}$ 在 1 350 ℃时开始分解成 $C_{12}A_7$ 和 $CaSO_4$；C_4AF 则由 C_2F 和 CA 固溶生成。因此，在使用天然矿物制备高铁硫铝系熟料时，熟料的煅烧温度为 1 250~1 350 ℃。当温度过高或者过低时，熟料中会生成少量的 $C_5S_2\bar{S}$、$C_{12}A_7$ 和 C_2AS。但是，当使用固废制备 FR-SAC 熟料时，其原料中含有大量的 Na_2O、K_2O、TiO_2 和 MgO 等少量元素或其他杂质。它们的存在将会影响活性矿物的生成温度或分解温度，从而影响熟料的矿物组成。因此，需要探索煅烧温度对工业固废制备 FR-SAC 熟料的影响。

图 2.14 为在 1 000 ℃、1 100 ℃、1 150 ℃、1 200 ℃和 1 250 ℃下保温 30 min 得到 FR-SAC 熟料的 XRD 图。从图中可以看出，当煅烧温度为 1 000 ℃时，熟料中已经有

$C_4A_{3-x}F_x\overline{S}$ 产生，而且熟料中还存在大量的 $CaSO_4$、CaO 以及 C_2AS。随着温度的升高，CaO 与 Al_2O_3 和 SiO_2 继续生成 C_2AS，C_2AS 消耗 $CaSO_4$ 进一步生成 C_2S 和 $C_4A_3\overline{S}$。因此，当温度为 1 100 ℃时，$C_4A_{3-x}F_x\overline{S}$ 的含量升高，CaO 和 $CaSO_4$ 的含量明显减少。当温度达到 1 150 ℃时，我们可以观察到熟料中的 $C_4A_{3-x}F_x\overline{S}$ 含量已经与 1 200 ℃时相差不大。但是，该温度下所得熟料中仍然有明显的游离 CaO 残留。因此，需继续提高工业固废制备 FR-SAC 熟料的煅烧温度。当温度提升至 1 200 ℃并保温 30 min 后，熟料中的 C_2AS 和 CaO 均已湮失。此时，熟料中的矿物组成有长斜晶型和立方型的 $C_4A_{3-x}F_x\overline{S}$、β-$C_2S$、$C_4AF$ 和少量的 $CaSO_4$。当温度上升至 1 250 ℃时，熟料中的 $CaSO_4$ 完全分解。当熟料中的 $CaSO_4$ 含量过低时，会导致熟料中的 β-C_2S 和 α'-C_2S 向常温下无活性的 γ-C_2S 转化，致使熟料产生一定粉化，降低熟料的后期强度。另外，当温度升高至 1 250 ℃时，固废基 FR-SAC 熟料发生部分熔融，熟料与坩埚或耐火砖发生粘连，这将极大地损坏炉窑内壁。因此，本研究中，利用工业固废制备 FR-SAC 熟料时，将其煅烧温度控制在 1 200 ℃左右。

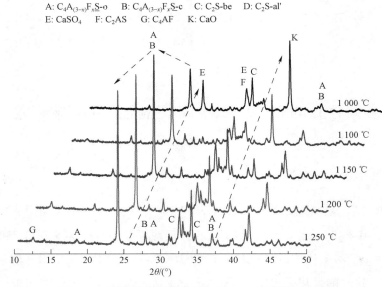

图 2.14　不同温度下固废基 FR-SAC 熟料的 XRD 图

2.5.1.2　保温时间

从不同煅烧温度下所得熟料的矿物组成可知，当煅烧温度小于 1 200 ℃时，熟料中均会生成一定量的 $C_4A_{3-x}F_x\overline{S}$、β-$C_2S$ 和 C_4AF。除活性矿物外，熟料中还存在一定量的 $CaSO_4$，其分解率除与温度有关外，还与高温下的保温时间有关。因此，需要进一步探索保温时间对熟料矿物组成的影响。

图 2.15 为不同保温时间下 FR-SAC 熟料的 XRD 图。从图中可以看出，当煅烧温度为 1 200 ℃时，保温时间从 0 增加至 60 min，熟料的矿物组成变化不大，比较明显的变化在于熟料中 $CaSO_4$ 的含量随着保温时间的增加而减少。当保温时间为 60 min 时，熟料中仍有少量的 $CaSO_4$ 存在，且 C_2S 仍然主要以 β-C_2S 的形式存在。此外，需注意的是，与温度为 1 175 ℃时烧成的熟料相似，保温时间为 0 min 时得到的熟料中含有一定量的 CaO 残余，这将会影响 FR-SAC 熟料的稳定性。因此，在使用固废制备 FR-SAC 熟料时，需保持一定的煅烧温度和保温时间。

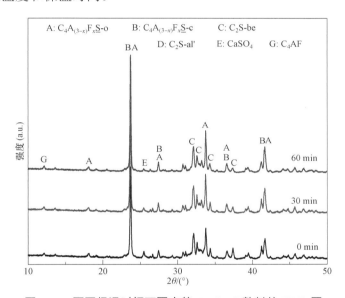

图 2.15　不同保温时间下固废基 FR-SAC 熟料的 XRD 图

2.5.2　原料配比对工业固废基 FR-SAC 熟料性能的影响研究

2.5.2.1　不同含铁量对 FR-SAC 熟料的影响

根据表 2.5，使用工业固废作为原料，配制 C_m 相同但铁含量不同的 FR-SAC 生料，在 1 200 ℃下保温 30 min，得到的 FR-SAC 熟料的 XRD 图如图 2.16 所示。从图中可以看出，熟料中含有一定量的 C_2S 和残留的 $CaSO_4$，而且 C_2S 主要以 β-C_2S 的形式存在。随着 Fe_2O_3 含量的增加，$C_4A_{3-x}F_x\overline{S}$ 的含量明显减少，而 C_4AF 的含量明显增加，这与设计配比中的结果相一致。

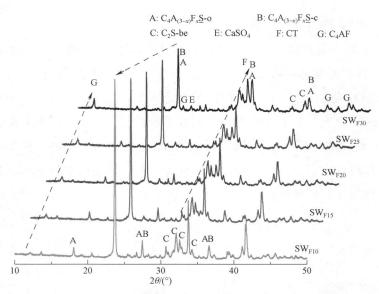

图 2.16　生料中 Fe_2O_3 含量不同时制备得到的 FR-SAC 熟料的 XRD 图

　　需要注意的是，熟料中的 Fe_2O_3 主要来源于赤泥。根据前期研究结果可知，使用赤泥与化学试剂配合制备 FR-SAC 熟料时，赤泥并没有影响 FR-SAC 熟料的矿物组成。但是，赤泥热分解产生的 Na(AlSiO$_4$) 和 $CaTiO_3$ 可能影响熟料的矿物组成，而且赤泥中含有的 Na_2O、K_2O 和 TiO_2 也会影响熟料的矿物组成。当完全使用固废作为原料时，赤泥中的少量元素与其他固废中的少量元素叠加，从而使得 SW_{F20} 中出现明显的 $CaTiO_3$ 的特征峰。随着 Fe_2O_3 设计量的增加，原料中的赤泥用量增加，$CaTiO_3$ 的峰也进一步增加。由于 $CaTiO_3$ 没有胶凝性，高含量的 $CaTiO_3$ 能够降低 FR-SAC 的机械性能。

　　除此之外，在 1 250 ℃ 的煅烧温度下，使用化学试剂制备 FR-SAC 熟料时，无论 C_4AF 的设计含量是 20 wt.% 还是 30 wt.%，熟料都没有发生熔融。但是，使用固废作为原料时，SW_{F20}、SW_{F25} 和 SW_{F30} 熟料都有不同程度的熔融。其中，SW_{F20} 熟料粘附在耐火砖表面，而 SW_{F25} 和 SW_{F30} 熟料则几乎完全熔融。这是因为固废中的少量元素 Na_2O 和 K_2O 等是常见的助熔剂，它们降低了 FR-SAC 熟料的熔融温度，这也导致了含有 SW_{F20} 的固废基 FR-SAC 熟料部分熔融。当熟料中的 C_4AF 的设计值增加到 25 wt.% 和 30 wt.% 以后，熟料中 Fe_2O_3 的含量增加，熟料进一步熔融。在实际生产中，熔融的熟料将会腐蚀窑炉炉膛，这也制约了 Fe_2O_3 含量高的 FR-SAC 熟料的生产。因此，当使用工业固废制备 FR-SAC 熟料时，需降低熟料的煅烧温度或者控制熟料中 Fe_2O_3 的含量。

　　总之，根据上述结果，为了降低熟料中的 $CaTiO_3$ 对熟料性能的影响，同时减少 FR-SAC 熟料的熔融，均应该控制熟料中 Fe_2O_3 的含量。因此，本研究中制备的 FR-SAC 熟料中 C_4AF 的设计值均为 20 wt.%。

2.5.2.2　不同 $CaSO_4$ 含量对 FR-SAC 熟料矿物组成的影响

在烧制普通硫铝酸盐水泥熟料的过程中，$CaSO_4$ 是非常重要的矿物。它能够作为稳定剂，阻止高活性的 α、α'和 β-C_2S 向惰性的 γ-C_2S 转变；而当 $CaSO_4$ 含量不足时，将造成熟料中产生具有速凝特性的 $C_{12}A_7$ 或无水化活性的 C_2AS；$CaSO_4$ 分解产生的游离 CaO 也能够破坏熟料的稳定性[16,60,142,143]。因此，掌握 $CaSO_4$ 的含量对 FR-SAC 熟料的影响至关重要。

图 2.17 为生料中 C_m 相同但 $CaSO_4$ 设计剩余量分别为 0 wt.%、5 wt.%、10 wt.%、15 wt.%和 20 wt.%时 FR-SAC 熟料的 XRD 图。从图中可以看出，随着 $CaSO_4$ 设计剩余量的增加，熟料中的 $CaSO_4$ 的含量增加。同时，与硫铝酸盐水泥熟料的生产过程相似，当熟料中 $CaSO_4$ 设计含量少于 10 wt.%时，熟料中的 $CaSO_4$ 几乎完全分解，$C_4A_{3-x}F_x\overline{S}$ 的含量减少，并产生一定量的 $C_{12}A_7$ 和 C_3A。另外，随着 $CaSO_4$ 的增加，熟料中 C_4AF 的含量也逐渐减少。但是，在熟料 SW_{S20} 中，并没有检测到除 $C_4A_{3-x}F_x\overline{S}$ 和 C_4AF 之外的含铁矿物。而在 C_4AF 减少的同时，$C_4A_{3-x}F_x\overline{S}$ 的含量增加。因此，C_4AF 中减少的 Fe_2O_3 可能向 $C_4A_{3-x}F_x\overline{S}$ 中转移。

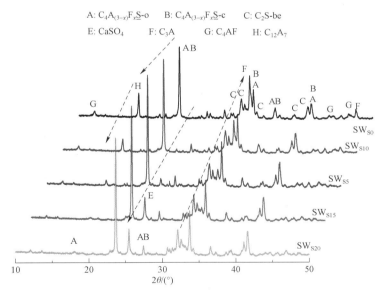

图 2.17　$CaSO_4$ 设计剩余量不同时 FR-SAC 熟料的 XRD 图

总之，利用固废制备 FR-SAC 熟料时，生料中 $CaSO_4$ 的含量对熟料的矿物组成有明显的影响。在设计配料时，需控制熟料中 $CaSO_4$ 的剩余量，使其保持至少有 10 wt.%的剩余量。

2.5.2.3 不同 C_m 对 FR-SAC 熟料矿物组成的影响

根据表 2.5，使用工业固废作为原料，配制铁含量相同但不同 C_m 的 FR-SAC 生料，在 1 200 ℃下保温 30 min，得到 FR-SAC 熟料，其 XRD 图如图 2.18 所示。由于 C_m 代表了熟料中 CaO 的含量，当 $C_m > 1.00$ 时表示 CaO 含量过量，可能有游离 CaO 生成。但是熟料 $SW_{0.90} \sim SW_{1.10}$ 中，均没有检测到游离 CaO。另外，C_m 增加时，熟料中 $CaSO_4$ 的含量增加。这是因为计算 C_m 的数值时，$CaSO_4$ 中全部的 CaO 也属于熟料中 CaO 的一部分。当 C_m 的值为 0.90 时，熟料中的 CaO 总量是过少的，这将促进 $CaSO_4$ 分解产出 CaO 参与熟料中矿物的形成反应。相反，当 C_m 为 1.10 时，熟料中的 CaO 含量较高，不需要 $CaSO_4$ 中的 CaO 参与矿物形成的反应。因此，随着 C_m 的增大，熟料中剩余 $CaSO_4$ 的含量逐渐增加。

除 $CaSO_4$ 含量外，随着 C_m 的增加，熟料中 $C_4A_{3-x}F_x\overline{S}$ 的含量也略有降低，而 C_4AF 的含量明显增加。相比于 $C_4A_{3-x}F_x\overline{S}$，$C_4AF$ 的水化速率过快，对 FR-SAC 的后期强度贡献较少。因此，在烧制固废基 FR-SAC 熟料时，需要控制熟料中 Fe_2O_3 的分布，使更多的 Fe_2O_3 生成 $C_4A_{3-x}F_x\overline{S}$。另外，当 $C_m > 1.00$ 时，熟料中出现了大量的 C_3A。相较于 C_4AF 和 $C_4A_{3-x}F_x\overline{S}$，$C_3A$ 的水化速率更快，容易造成熟料的急凝。因此，使用工业固废制备 FR-SAC 熟料时，在配料过程中，需控制碱度系数 C_m 小于 1.00 以确保熟料中不会产生过多的 C_3A。

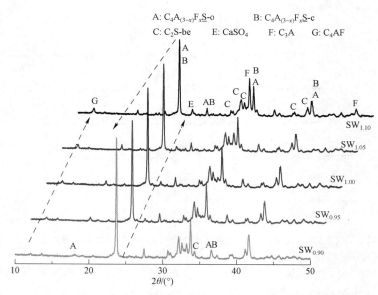

图 2.18 不同 C_m 时 FR-SAC 熟料的 XRD 图

2.6　固废基 FR-SAC 孰料的性能研究

通过上述研究结果可知，使用工业固废制备 FR-SAC 时，原料配比、煅烧温度和保温时间等均能明显地影响熟料的矿物组成。本研究使用脱硫石膏、赤泥、铝型材电镀污泥、电石渣、粉煤灰作为原料，配置 C_m 为 1.00、$CaSO_4$ 设计剩余量为 10 wt.%、C_4AF 含量为 20 wt.% 的生料，在 1 200 ℃下保温 30 min 后冷却得到 FR-SAC 熟料，检测熟料与相应的胶凝材料的微观性能与机械性能。

2.6.1　固废基 FR-SAC 熟料的微观特性分析

2.6.1.1　化学组成和矿物组成

在上述条件下制备得到的 FR-SAC 熟料与不同市售水泥孰料的化学组成见表 2.7。从表 2.7 中可以看出，与普通硅酸盐水泥熟料相比，FR-SAC 熟料中的 CaO 含量降低约 20 wt.%，且煅烧温度降低了 200 ℃以上，从煅烧产物和能耗两个方面减少了 CO_2 的产生，降低了碳排放。与传统的硫铝酸盐水泥熟料相比，FR-SAC 熟料中的 CaO 含量略有增加，但是 Al_2O_3 的含量降低了约 8 wt.%，而昂贵的 Al_2O_3 是制约硫铝酸盐水泥大规模使用的最主要因素。因此，FR-SAC 熟料的生产成本显著降低。与高铁硫铝酸盐水泥熟料相比，除 FR-SAC 中含有更少的 Al_2O_3 之外，两者的化学组成基本相同。

表 2.7　FR-SAC 熟料与不同市售水泥熟料的化学组成

	CaO	Al_2O_3	Fe_2O_3	SiO_2	SO_3
FR-SAC 熟料	45.7	22.3	7.0	11.4	11.4
硫铝酸盐水泥熟料	38～45	30～38	1～3	3～13	8～15
高铁硫铝酸盐水泥熟料	43～50	25～35	5～13	5～13	7～12
硅酸盐水泥熟料	64～67	4～8	2～4	21～25	1.5～3

FR-SAC 熟料的 XRD 精修图如图 2.19 所示。从分析结果可知，在 FR-SAC 熟料中，$C_4A_{3-x}F_x\overline{S}$ 的含量约为 54.5 wt.%，其中 x 表示一部分 Fe_2O_3 掺入 $C_4A_3\overline{S}$ 中，$C_4A_{3-x}F_x\overline{S}$ 水化反应后产生钙矾石，为胶凝材料提供早期强度；C_2S 的含量约为 31.1 wt.%，该部分矿物的水化产物主要贡献于胶凝材料的后期强度；3.6 wt.% 的 C_4AF 和 4.4 wt.% 的 $CaSO_4$ 存

在于 FR-SAC 熟料中，也有益于熟料的强度增长。这些构成了 FR-SAC 熟料的主要活性矿物。除此之外，熟料中还存在无胶凝活性的 1.3 wt.%的 C_2F 和 5.1 wt.%的非晶相或杂质相。

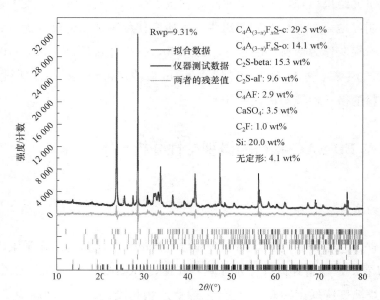

注：最下方的小线段为熟料的 XRD 图，最上方的黑色曲线为精修计算图；中间的灰色曲线为误差曲线；
下方的小线段表示不同矿物的出峰位置。

图 2.19　FR-SAC 熟料的内标法 RQPA 曲线

2.6.1.2　微观形貌

已知 FR-SAC 熟料中的化学组成和矿物组成，相应矿物的晶体结构也就确定了。图 2.20 为 FR-SAC 熟料及其在不同倍数下的 SEM 图。从熟料原图可以观察到，在 1 200 ℃下，使用固废烧制而成的 FR-SAC 熟料呈深棕色，同时熟料呈现疏松多孔的结构，表观上没有明显的熔融现象出现；同样的，从 100 倍的 SEM 图中也可以看到，FR-SAC 熟料具有疏松多孔的形貌，这使得熟料具有易磨性，能够降低粉磨过程中的能耗。将熟料 SEM 图放大，当放大至 5 000 倍甚至 10 000 倍时，我们可以看到，图中红线圈中的部分发生熔融，这是由于固废中的 Na_2O 和 K_2O 熔点较低而发生熔融；同时，在固废中杂质的作用下，熟料中 Fe_2O_3 的熔融温度降低，部分 Fe_2O_3 发生熔融，从而使得部分 Fe_2O_3 或杂质固溶在活性矿物中。除此之外，从高倍数 SEM 图中可以观察到熟料中存在大量六角形板状和四边形柱状结构的 $C_4A_3\overline{S}$ 晶体。除 $C_4A_3\overline{S}$ 外，其他矿物则不易通过 SEM 图区分。

图 2.20　固废基 FR-SAC 熟料及其 SEM 图

2.6.2　固废基 FR-SAC 熟料的水化性能分析

2.6.2.1　水化热

普通硫铝酸盐水泥的水化产物主要有钙矾石、铝胶和水化硅酸钙凝胶等[73,144,145]。FR-SAC 的水化产物与普通硫铝酸盐水泥的水化产物相差不大，其 3 天内的水化热如图 2.21 所示。

从图中可以看出，FR-SAC 初期的放热主要集中在与水混合 12 h 内，在水化 12 h 时，胶凝材料的放热量已经达到 325 J/g，这比普通硅酸盐水泥的 7 天甚至 28 天的水化放热都多。因此，FR-SAC 的早期水化活性更高。FR-SAC 的早期水化放热主要有三个放热峰[146-149]。放热峰① 是由于胶凝材料与水混合产生的放热过程；放热峰② 为胶凝材料中有 $CaSO_4 \cdot 2H_2O$ 存在时，$C_4A_{3-x}F_x\overline{S}$ 与 $CaSO_4 \cdot 2H_2O$ 发生水化反应生成钙矾石而产生的放热峰，其水化反应公式如式 2-9 所示；放热峰③ 为当胶凝材料中 $CaSO_4 \cdot 2H_2O$ 的含量减少后，$C_4A_{3-x}F_x\overline{S}$ 与水以及溶解在溶液中的 SO_4^{2-} 反应生成钙矾石产生的放热峰，如

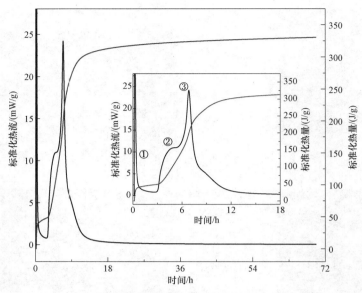

图 2.21　固废基 FR-SAC 的 3 天水化热

式 2-10 所示[71]。因此，FR-SAC 熟料的早期水化可描述为：当熟料与水混合后，由于熟料中可溶物的溶解而立刻释放出热量；随后经过短暂的休眠期后，熟料中的 $C_4A_{3-x}F_x\overline{S}$ 从 3 h 开始分别与 $CaSO_4 \cdot 2H_2O$ 反应而释放出热量；随着 $CaSO_4 \cdot 2H_2O$ 含量的降低，反应速率略微放缓，但是随着 $C_4A_{3-x}F_x\overline{S}$ 的溶解产生 SO_4^{2-}，$C_4A_{3-x}F_x\overline{S}$ 开始与水和 SO_4^{2-} 发生水化反应生成钙矾石，18 h 后，早期水化反应逐渐停止。此外，如式 2-12 所示，熟料中的 C_2S 也会发生水化反应。

$$C_4A_{(3-x)}F_x\overline{S} + 2C\overline{S}H_2 + 34H \rightarrow C_6A_{(1-x)}F_x\overline{S}_3H_{32} + 2AH_3(gel) \qquad （式 2-9）$$

$$C_4A_{(3-x)}F_x\overline{S} + 18H \rightarrow C_6A\overline{S}H_{12} + (2-x)AH_3 + xFH_3(gel) \qquad （式 2-10）$$

$$C_4AF + 3C\overline{S}H_2 + 30H \rightarrow C_6A_{(1-x)}F_x\overline{S}_3H_{32} + CH + 2xFH_3(gel) + (2-2x)AH_3(gel)$$

$$（式 2-11）$$

$$C_2S + 2H \rightarrow C-S-H(gel) + CH \qquad （式 2-12）$$

2.6.2.2　水化产物

根据其 72 h 内的水化热曲线可知，FR-SAC 熟料的水化产物主要有 $C_6A_{(1-x)}F_x\overline{S}_3 \cdot H_{32}$、$AH_3(gel)$ 和 $FH_3(gel)$。图 2.22 为固废基 FR-SAC 在不同水化时间水化产物的 XRD 图。从图中可以看出，与水化热曲线相对应，2 h 时，胶凝材料中尚未发生水化反应，其主要矿物仍为未反应的 $C_4A_{3-x}F_x\overline{S}$ 和 $CaSO_4 \cdot 2H_2O$；当与水混合 6 h 后，胶凝材料

中 $C_4A_{3-x}F_x\overline{S}$ 和 $CaSO_4 \cdot 2H_2O$ 的含量减少，并出现了明显的 $C_6A\overline{S}_3 \cdot H_{32}$ 的峰；水化 1 天和 3 天后，胶凝材料中的 $C_4A_{3-x}F_x\overline{S}$ 和 $CaSO_4 \cdot 2H_2O$ 的含量进一步减少，$C_6A_{(1-x)}F_x\overline{S}_3 \cdot H_{32}$ 的峰进一步升高。但是，3 天到 28 天的水化产物变化较小，水化反应逐渐放缓。而且，在水化 28 天后，胶凝材料中 C_2S 的峰无明显变化，也未发现 C_2S 的水化产物 $Ca(OH)_2$。

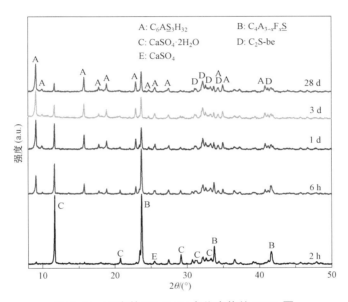

图 2.22　固废基 FR-SAC 水化产物的 XRD 图

图 2.23 为 FR-SAC 水化 28 天后水化产物的 SEM 图。FR-SAC 熟料粉末与 10 wt.% 的 $CaSO_4 \cdot 2H_2O$ 混合后水化。从 SEM 图中可以看出，$C_6A_{(1-x)}F_x\overline{S}_3 \cdot H_{32}$ 在水化产物中的存在形貌并不是单一的，有的 $C_6A_{(1-x)}F_x\overline{S}_3 \cdot H_{32}$ 为细针状晶体，如图 2.23（a）所示；也有一部分 $C_6A_{(1-x)}F_x\overline{S}_3 \cdot H_{32}$ 呈粗针状，如图 2.23（b）所示；还有部分水化产物中，$C_6A_{(1-x)}F_x\overline{S}_3 \cdot H_{32}$ 以柱状结构存在，如图 2.23（c）所示。它们之间的形貌差异可能是由于水化产物的形成速率不同而引起的。尽管形貌不完全相同，但是它们均具有纵横交错的结构，从而增加了 FR-SAC 浆体的稳定性。除 $C_6A_{(1-x)}F_x\overline{S}_3 \cdot H_{32}$ 晶体外，水化图中均能观察到一定量的未水化的 $C_4A_{3-x}F_x\overline{S}$ 立方晶体。同时，在 $C_6A_{(1-x)}F_x\overline{S}_3 \cdot H_{32}$ 晶体表面附着有绒球状的 $AH_3(gel)$。

总之，与普通铁铝酸盐水泥熟料相比，固废基 FR-SAC 熟料中的 Al_2O_3 含量更低。除了 C_4AF，更多的 Fe_2O_3 掺入 $C_4A_3\overline{S}$ 中形成 $C_4A_{3-x}F_x\overline{S}$，从而促使 Fe_2O_3 和 Al_2O_3 的有效利用率较高，FR-SAC 的成本降低，使其具有更广阔的应用市场。

图 2.23　固废基 FR-SAC 水化产物的 SEM 图

2.6.3　固废基 FR-SAC 熟料的宏观性能分析

2.6.3.1　粒度分布

以工业固废为原料烧制得到 FR-SAC 熟料后，将其与 10 wt.% 的脱硫石膏混合；使用圆盘磨粉，磨 60 s，得到胶凝材料的粒度分布图，如图 2.24 所示。从图中可以看出，胶凝材料中大于 45 μm 的颗粒约占 93%，满足水泥标准中要求的 45 μm 筛余不大于 30% 的细度要求。

2.6.3.2　强度、凝结时间与标准稠度用水量

固废基 FR-SAC 与常见的硫铝酸盐水泥的性能参数对比见表 2.8。从表中可以看出，固废基 FR-SAC 的初凝时间要长于快硬硫铝酸盐水泥和低碱度硫铝酸盐水泥，这是因为相较于这两种硫铝酸盐水泥，FR-SAC 中添加了更多的 $CaSO_4 \cdot 2H_2O$，使得初凝时间变长。另外，FR-SAC 中含有较多的 Na^+ 和 K^+ 杂质，它们会造成胶凝材料的假凝，使得固废基 FR-SAC 的标准稠度用水量较高，初凝时间变长。当硫铝酸

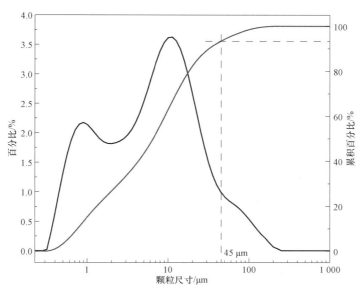

图 2.24　固废基 FR-SAC 的粒度分布图

盐水泥熟料中掺入 Fe_2O_3 之后，熟料中的矿物由 $C_4A_3\overline{S}$ 变为 C_4AF 和 $C_4A_{3-x}F_x\overline{S}$。由于 C_4AF 的水化速率明显快于 $C_4A_{3-x}F_x\overline{S}$ 的水化反应速率，这便加快了熟料的凝结速度，使终凝时间缩短。

表 2.8　不同材料的宏观性能

项目		快硬硫铝酸盐水泥	低碱度硫铝酸盐水泥	自应力硫铝酸盐水泥	FR-SAC
凝结时间/min	初凝	≤25	≤25	≤40	34
	终凝	≥180	≥180	≥240	96
42.5 水泥砂浆试块 抗压强度/MPa	1 天	30	30	—	40.7
	3 天	42.5	—	—	56.3
	7 天	—	42.5	32.5	59.4
	28 天	45	—	42.5	64.7
42.5 水泥砂浆试块 抗折强度/MPa	1 天	6.0	3.5	—	7.9
	3 天	6.7	—	—	8.4
	7 天	—	5.0	—	8.8
	28 天	7.0	—	—	9.4

　　除此之外，固废基 FR-SAC 砂浆试块的 1 天抗压强度即可达到 40.7 MPa，3 天强度可达 52.5 硫铝酸盐水泥标准，3 天以后，强度增加趋于平缓，但 28 天抗压强度仍可高达

64.7 MPa。而且，与几种硫铝酸盐水泥的强度相比，固废基 FR-SAC 的强度可达到 52.5 水泥标准。

2.7 本章小结

在本章，我们利用脱硫石膏、赤泥、铝型材电镀污泥、电石渣和粉煤灰作为原料煅烧得到了 FR-SAC 熟料；通过分析固废原料的热分解产物、少量元素和单种固废对 FR-SAC 熟料的矿物组成的影响，得到了固废基 FR-SAC 熟料活性矿物的形成规律；同时，分析了固废基 FR-SAC 的理化性质、水化特性和机械性能，得到如下主要结论。

（1）工业固废原料热分解规律及其分解产物对 FR-SAC 熟料矿物组成的影响规律。使用固废作为原料制备 FR-SAC 熟料时，作为钙源和硫源，电石渣和脱硫石膏的矿物组成简单，杂质较少，其热分解产物不会影响熟料中活性矿物的生成；赤泥和粉煤灰是 FR-SAC 熟料的硅源和铁源，但是它们的矿物组成复杂，1 000 ℃下存在未分解矿物 $Na(AlSiO_4)$、$Na(AlSi_3O_8)$ 以及莫来石；铝型材电镀污泥作为铝源，其矿物组成纯度较高，但是在热分解过程中，$Al_2(SO_4)_3$ 的分解温度较低，造成部分 SO_2 过早地损失。

（2）工业固废中少量元素及单一固废对 FR-SAC 熟料矿物组成的影响规律。Na_2O 和 TiO_2 显著影响 FR-SAC 熟料中活性矿物的组成，Na_2O 能够生成少量的 Na_2SO_4 和 $Na_6Si_8O_9$，而且能够促进 $CaSO_4$ 的分解和 C_4AF 的生成；TiO_2 则生成大量的 $CaTiO_3$ 和 C_2AS，从而降低 $C_4A_{3-x}F_x\overline{S}$ 和 C_2S 的含量。K_2O 和 MgO 在熟料中分别以 $KAlSi_3O_8$ 和重烧 MgO 的形式存在，但是对熟料中其他活性矿物组成的影响相对较小。使用单一固废与化学试剂制备 FR-SAC 熟料时，除活性矿物含量略有不同外，不同固废原料配比均能够形成 FR-SAC 熟料。

（3）煅烧工艺和原料配比对固废基 FR-SAC 熟料的矿物种类和含量的影响规律。使用工业固废作为原料制备 FR-SAC 熟料时，相同的原料配比，随着温度的升高或保温时间的增长，熟料中 $CaSO_4$ 和 CaO 的含量均逐渐减少，$C_4A_{3-x}F_x\overline{S}$ 的含量增加；当煅烧温度低于 1 200 ℃时，熟料中存在一定量未反应的 CaO，影响熟料的质量；当温度达到 1 250 ℃时，熟料发生明显的熔融。FR-SAC 生料配比明显影响熟料的矿物组成。随着 Fe_2O_3 含量的增加，熟料中 C_4AF 的含量明显增加，$C_4A_{3-x}F_x\overline{S}$ 的含量减少；铁源原料赤泥的增加也导致熟料中 $CaTiO_3$ 的含量急剧增加；此外，Fe_2O_3 含量的增加会降低熟料的熔融温度。随着原料中 $CaSO_4$ 含量的减少和 C_m 的增加，C_4AF 的含量增加，$C_4A_{3-x}F_x\overline{S}$ 的含量减少，并且熟料中产生少量的 $C_{12}A_7$ 和 C_3A，不利于胶凝材料性能的稳定。

（4）使用工业固废作为原料，配置 C_m 为 1.00、C_4AF 和 $CaSO_4$ 的剩余量分别为 20 wt.%和 10 wt.%的生料，在 1 200 ℃下保温 30 min，得到的熟料的理化性质与铁铝酸盐水泥熟料相似，且具有更低的 Al_2O_3 消耗量；固废基 FR-SAC 的水化性能与铁铝酸盐水泥的水化过程相差不大；固废基 FR-SAC 的初凝时间大于常见硫铝酸盐水泥的初凝时间，但是抗压强度和抗折强度能够达到 52.5 水泥的要求，为进一步应用和降低成本提供了可能。

第3章 CaO/CaSO₄对FR-SAC熟料含铁矿物组成的影响机制研究

FR-SAC 与硫铝酸盐水泥的区别主要在于 FR-SAC 熟料中含有大量的 Fe_2O_3，并且 FR-SAC 熟料中的 Fe_2O_3 主要以 C_4AF 和 $C_4A_{3-x}F_x\overline{S}$ 的形式存在。由于不同含铁矿物的水化活性各不相同，不同矿物组成的 FR-SAC 表现出不同的理化性质和机械性能[150]。因此，铁的存在形式及含铁矿物的组成对 FR-SAC 的进一步应用至关重要。

通过上一章节的研究，可使用工业固废制备得到 FR-SAC 熟料，并且 FR-SAC 熟料和胶凝材料均展现出良好的性能。但在制备得到 FR-SAC 熟料后，部分 FR-SAC 熟料的矿物中只有少量的 C_4AF 存在，而有的熟料中 C_4AF 的含量较高，对应的 $C_4A_{3-x}F_x\overline{S}$ 的含量较低。其中，$CaSO_4$ 含量和 C_m 值能够影响 C_4AF 和 $C_4A_{3-x}F_x\overline{S}$ 的含量，但其影响机制尚不明确。

在本章，我们将首先使用化学试剂作为原料，使用 Rietveld 精修全谱拟合、SEM-EDS 等分析检测方法研究 FR-SAC 生料中的 CaO 含量和 $CaSO_4$ 含量对熟料中含铁矿物组成的影响规律，并通过计算得到 $C_4A_{3-x}F_x\overline{S}$ 中 x 的数值大小；随后从热力学的角度分析不同含铁矿物的形成原理，从理论上证明 CaO 或 $CaSO_4$ 的含量对 FR-SAC 熟料中含铁矿物的调控机制，进而降低熟料中氧化铝的需求量，使低品位矾土或者含铝固废可用于生产 FR-SAC。

3.1 试验原料及设备

3.1.1 试验原料

FR-SAC 熟料的主要化学组成为 Ca、Si、Al、Fe 和 S。在本章研究中，我们使用化学试剂作为原料研究了 CaO 含量对 FR-SAC 熟料中矿物组成的影响及机理。其中，化学试剂原料主要有 $Ca(OH)_2$、Al_2O_3、SiO_2、$CaSO_4$ 和 Fe_2O_3。此外，在分析熟料的化学成分时，使用 ZnO 为内标掺物。它们的纯度分级及具体来源见表 2.3。

3.1.2　试验设备

本章研究所用到的实验仪器均见表 2.4。

3.2　试验方法

3.2.1　原料配比设计及计算

首先，使用化学试剂作为原料，配置不同 C_m 值的 FR-SAC 生料。将熟料中 $C_4A_3\bar{S}$:C_4AF:C_2S:$CaSO_4$ 剩余量设计为 40:20:30:10，通过改变 $Ca(OH)_2$ 的含量，将熟料中的 C_m 值分别设定为 0.90、0.95、1.00、1.05 和 1.10，并分别命名为 $C_{0.90}$、$C_{0.95}$、$C_{1.00}$、$C_{1.05}$ 和 $C_{1.10}$。根据博格算法，计算得到的原料配比见表 3.1。其次，继续以 F20 熟料原料为基准，配制不同 $CaSO_4$ 含量的 FR-SAC 生料。其中，目标熟料中的 C_m 为 1.00，Al_2O_3/Fe_2O_3 保持不变。假设 FR-SAC 熟料中，除与其他化学试剂发生反应外，$CaSO_4$ 不会发生分解，熟料中的 $CaSO_4$ 剩余量分别为 0、5、10、15 和 20 wt.%，并分别命名为 S_0、S_5、S_{10}、S_{15} 和 S_{20}。根据博格算法，计算得到的原料配比见表 3.1，制备方法见第 2.2.3 小节。

表 3.1　不同 FR-SAC 熟料的目标矿物组成及原料配比

目标	原料	比例/wt.%									
		$C_{0.90}$	$C_{0.95}$	$C_{1.00}$	$C_{1.05}$	$C_{1.10}$	S_0	S_5	S_{10}	S_{15}	S_{20}
$C_4A_3\bar{S}$		40	40	40	40	40	50	47.5	45	42.5	40
C_2S		30	30	30	30	30	30	28.5	27	25.5	24
C_4AF		20	20	20	20	20	20	19	18	17	16
$CaSO_4$		10	10	10	10	10	0	5	10	15	20
	$Ca(OH)_2$	41.4	44.3	47.2	50.2	53.1	41.2	37.9	34.5	30.6	27.0
	SiO_2	10.7	10.7	10.7	10.7	10.7	10.3	10.0	9.7	9.2	9.0
	$CaSO_4$	21.7	21.7	21.7	21.7	21.7	13.3	17.9	22.7	28.0	33.2
	Al_2O_3	24.9	24.9	24.9	24.9	24.9	28.8	28.0	27.1	26.4	25.2
	Fe_2O_3	6.8	6.8	6.8	6.8	6.8	6.5	6.3	6.1	5.9	5.7
C_m		0.90	0.95	1.00	1.05	1.10	1.00	1.00	1.00	1.00	1.00
Al_2O_3/Fe_2O_3		—	4.46	4.45	4.45	4.46	4.45	4.45	4.45	4.45	4.45

3.2.2 宏观性能测试

在 FR-SAC 中加入水灰比为 0.30 的水，搅拌均匀；将浆体倒入尺寸为 20 mm× 20 mm×20 mm 的模具中；在 20±1 ℃、95%RH 的环境中静置 6 h；随后脱模，并将试块放置在温度为（20±1）℃的水中浸泡养护至一定龄期（1 天、3 天和 28 天），取出试块，测试其抗压强度。

3.2.3 微观特性测试

X 射线衍射、X 射线荧光光谱、热重-差热分析、扫描电子显微镜-能谱分析、水化热分析等分析测试方法见第 2.2.6 小节。

3.2.3.1 熟料中 Fe_2O_3 含量的测定

根据国家标准《水泥化学分析方法》（GB/T 176—2017）[151]，使用 EDTA 直接滴定 Fe_2O_3 来获得 FR-SAC 熟料中的 Fe_2O_3 含量。使用磺基水杨酸钠作为指示剂，用 EDTA 标准溶液在 pH=1.8 和 60～70 ℃的温度下滴定，测得 Fe_2O_3 的含量。其中，煅烧前原料中 Fe_2O_3 的含量分数为 W_1，煅烧后熟料中 Fe_2O_3 的质量分数记为 W_2。

煅烧前，固废原料的总质量为 m_1。煅烧得到 FR-SAC 熟料后，熟料的总质量为 m_2。当在配制原料过程中没有质量损失时，煅烧前后 Fe_2O_3 的质量是不变的。但是，在粉磨等原料处置过程中，会存在一定量的质量损失。因此，根据 Fe_2O_3 的质量变化，计算得到原料制备过程中的质量损失 $m_{损}$，如式 3-1 所示。

$$m_{损} = \frac{m_1 \times W_1 - m_2 \times W_2}{W_1} \qquad \text{（式 3-1）}$$

3.2.3.2 SO_3 分解率测定

通过原料及熟料中 SO_3 的含量变化，计算熟料煅烧过程中硫的分解量。首先，原料混合物的质量为 m_1，根据原料的化学配比，计算出原料中 SO_3 的质量百分数 W_3。其次，根据国家标准《水泥化学分析方法》（GB/T 176—2017），使用硫酸钡沉淀法测量熟料中 SO_3 的质量分数为 W_4。由上一步实验可知，生成熟料的总重量为 m_2。因此，SO_3 的分解率 η 由式 3-2 计算得到。

$$\eta = \frac{m_1 \times W_3 - m_2 \times W_4}{m_1 \times W_3}$$

（式 3-2）

3.2.3.3　游离 CaO 含量测定

根据国家标准《水泥化学分析方法》（GB/T 176—2017），使用乙二醇法测定熟料中的游离氧化钙（f-CaO）。

3.2.3.4　傅里叶红外光谱（FTIR）

使用 Nicolet iS 傅里叶红外光谱仪（Thermo Fisher，美国）测试熟料的 FTIR（Fourier transform infrared spectroscopy，傅氏转换红外线光谱分析仪）曲线。称取 2 mg 熟料样品与 400 mg 干燥的 KBr 混合并置于研钵中研磨，使两者混合均匀；使用模具，将混合后的试样压片制样；在 20 ℃下，将样品置于 FTIR 下，以波数为 4 cm⁻¹ 的分辨率在 400～1 200 cm⁻¹ 的频率下测试；使用 OMNIC 软件分析熟料的 FTIR 曲线。

3.3　CaO 含量对 FR-SAC 熟料中含铁矿物形成的影响研究

3.3.1　FR-SAC 熟料的矿物组成

3.3.1.1　XRD 定性分析

图 3.1 为不同原料制备得到的 FR-SAC 熟料的 XRD 谱图。从图中可以看出，尽管原料中 CaO 的含量不同，但不同熟料的主要矿物均为 $C_4A_3\bar{S}$ 和 C_2S。同时，所有熟料中还有少量的 $CaSO_4$ 和 C_4AF 存在，而 C_2AS 的特征峰仅能在熟料 $C_{0.90}$ 中观察到。随着原料中 CaO 含量的增加，C_4AF 和 $CaSO_4$ 的特征峰明显升高，而且 $C_4A_3\bar{S}$ 的主要特征峰 [$C_4A_3\bar{S}$-c 和 $C_4A_3\bar{S}$-o 的晶胞参数分别为（2 1 1）和（0 2 2）] 发生轻微的偏移，d 值逐渐增加，其在熟料 $C_{0.90}$、$C_{0.95}$、$C_{1.00}$、$C_{1.05}$ 和 $C_{1.10}$ 中的数值分别为 3.762 7 Å、3.762 1 Å、3.761 2 Å、3.759 6 Å 和 3.758 7 Å。这是由于 FR-SAC 熟料中一定量的 Fe_2O_3 掺入 $C_4A_3\bar{S}$ 矿物中形成 $C_4A_{3-x}F_x\bar{S}$。Fe^{3+} 在矿物 $C_4A_{3-x}F_x\bar{S}$ 中占用了八面体的位置，而 Al^{3+} 占用了四面体位置，Fe^{3+} 的半径大于 Al^{3+} 的半径（Fe^{3+} 的半径为 $r=0.069$ nm，Al^{3+} 的半径为 0.053 nm）[152]，

所以 $C_4A_{3-x}F_x\overline{S}$ 的晶胞体积大于 $C_4A_3\overline{S}$ 的体积。当原料中 CaO 的含量增加时，Fe_2O_3 掺入 $C_4A_{3-x}F_x\overline{S}$ 中的量减少，从而导致 $C_4A_{3-x}F_x\overline{S}$ 晶胞体积减小，对应的特征峰向 d 值更小的方向偏移。

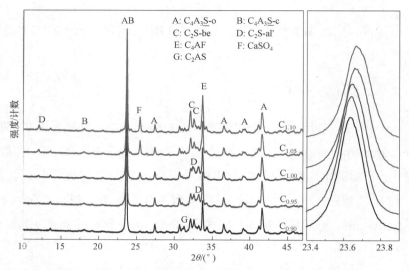

图 3.1　原料中不同 CaO 含量所得 FR-SAC 熟料的 XRD 图

另外，通过 Rietveld 法精修得到不同 FR-SAC 熟料中的 $C_4A_{3-x}F_x\overline{S}$ 矿物，$C_4A_{3-x}F_x\overline{S}$ 的部分晶胞参数见表 3.2。随着原料中 CaO 含量的增加，Fe_2O_3 在 $C_4A_3\overline{S}$ 中掺量的减少，$C_4A_{3-x}F_x\overline{S}$ 的晶面间距减小，$C_4A_{3-x}F_x\overline{S}$ -c 的晶胞参数逐渐降低。但是，$C_4A_{3-x}F_x\overline{S}$ -o 的晶胞参数 a 和 b 呈现出无规则的变化，而晶胞参数 c 逐渐降低。这与其他学者的研究结果相似。

表 3.2　Rietveld 精修后 $C_4A_{3-x}F_x\overline{S}$ 的晶胞参数

	$C_4A_{3-x}F_x\overline{S}$ -c			$C_4A_{3-x}F_x\overline{S}$ -o		
	a	b	c	a	b	c
$C_{0.90}$	9.210	9.210	9.210	12.957	13.001	9.220
$C_{0.95}$	9.209	9.209	9.209	12.960	13.000	9.207
$C_{1.00}$	9.207	9.207	9.207	13.087	13.036	9.170
$C_{1.05}$	9.207	9.207	9.207	13.071	13.030	9.168
$C_{1.10}$	9.204	9.204	9.204	13.068	13.029	9.162

为了验证不同 FR-SAC 熟料中的矿物组成变化，使用 FTIR 测试不同熟料中矿物的化学键变化。熟料 $C_{0.90}$、$C_{0.95}$、$C_{1.00}$、$C_{1.05}$ 和 $C_{1.10}$ 的吸收峰分别如图 3.2 所示。从图中可以看出，$C_4A_{3-x}F_x\overline{S}$、$CaSO_4$ 和 C_2S 的含量较多，能观察到明显的吸收峰；而 C_2AS、$C_5S_2\overline{S}$

和 C_2F 则由于含量过少而很难从 FTIR 谱图中观察到。随着 C_m 的增加，波数为 595 cm⁻¹ 处出现吸收峰并逐渐增强，这是由于矿物 C_4AF 中 [FeO₄] 四面体结构中的 Fe-O 振动引起的[153]。对于 $CaSO_4$ 来讲，[SO₄] 四面体的弯曲振动出峰位置为 617 cm⁻¹，[SO₄] 中 S-O 的伸缩振动的出峰位置为 1 156 cm⁻¹ 和 1 195 cm⁻¹ 处的吸收峰。随着 C_m 的增加，617 cm⁻¹、1 156 cm⁻¹ 和 1 195 cm⁻¹ 的峰强明显增强，表明 $CaSO_4$ 的含量逐渐增多。这与 XRD 检测的结果相一致。另外，$C_4A_{3-x}F_x\overline{S}$ 中的 [SO₄] 基团在 619 cm⁻¹、663 cm⁻¹ 和 987 cm⁻¹ 处有吸收峰，这与 $CaSO_4$ 中的 [SO₄] 几乎相同[154,155]。然而，$C_4A_{3-x}F_x\overline{S}$ 中的 [SO₄] 基团在波数为 1 100 cm⁻¹ 处的吸收峰随着 C_m 的增加而向高波数偏移，这是由于 [SO₄] 基团周围 Fe_2O_3 含量的减少造成的。在 411 cm⁻¹、644 cm⁻¹、690 cm⁻¹、821 cm⁻¹ 和 875 cm⁻¹ 处的吸收峰则是由于 [AlO₄] 基团引起的[75,156]。随着熟料中 C_m 的增加，$C_4A_{3-x}F_x\overline{S}$ 中 Fe_2O_3/Al_2O_3 的比值减小，在 821 cm⁻¹ 处的吸收峰向低波数偏移。总之，通过红外曲线反应的矿物组成及 Fe_2O_3 在 $C_4A_{3-x}F_x\overline{S}$ 和 C_4AF 中的分布变化验证了 XRD 分析的结果。

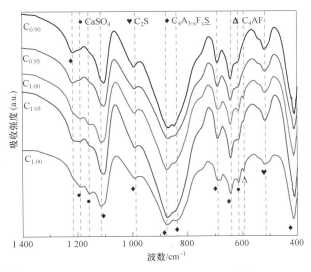

图 3.2　熟料 $C_{0.90}$～$C_{1.10}$ 的 FTIR 曲线

3.3.1.2　定量分析

根据 RQPA（Rietveld 物相定量分析）法，使用 HighScore Plus 软件定量分析熟料的矿物组成。图 3.3 为熟料 $C_{1.00}$ 的 Rietveld 精修曲线示意图。在该谱图中，拟合加权因子（R_{wp}）为 8.161%，其满足水泥行业默认的加权因子小于 15% 的要求。因此，该分析结果是可信的。从图中可以看出，$C_4A_3\overline{S}$ 以立方晶型和斜方晶型两种结构存在于 FR-SAC 熟料中，C_2S 以 β-C_2S 和 α'-C_2S 两种结构存在。同时，在全谱拟合定量计算过程中，$CaSO_4$、C_4AF 和 C_2F 也被用来全谱拟合，详细的计算结果见表 3.3。另外，熟料 $C_{0.90}$、$C_{0.95}$、$C_{1.05}$ 和 $C_{1.10}$ 的矿物组成也通过 RQPA 法计算得到，其计算结果见表 3.3。

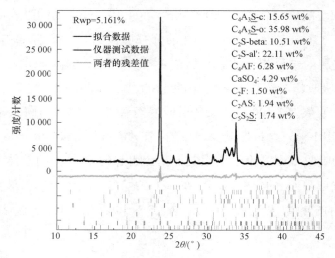

注：黑色曲线为实际测试所得曲线，深灰色曲线为精修计算曲线，中间的浅灰色曲线为计算曲线与实测曲线之间的差值，底部的小短线表示不同矿物相的出峰位置。

图 3.3　熟料 $C_{1.00}$ 的 Rietveld 精修曲线示意图

表 3.3　不同熟料的矿物组成（wt.%）

矿物 ＼ 熟料	博格算法配料时的矿物组成	RQPA 计算值				
		$C_{0.90}$	$C_{0.95}$	$C_{1.00}$	$C_{1.05}$	$C_{1.10}$
$C_4A_3\bar{S}$-o	—	14.89	16.21	15.65	16	15.23
$C_4A_3\bar{S}$-c	—	40.65	37.94	35.98	31.28	28.15
$C_4A_3\bar{S}$	40	55.84	54.15	51.63	46.98	43.38
β-C_2S		25.04	17.2	10.51	11.47	27.77
α'-C_2S'	—	8.71	15.75	22.11	20.17	4.5
C_2S	30	33.75	32.95	32.62	31.64	32.27
$CaSO_4$	10	0.54	1.91	4.29	7.76	8.47
C_2AS	—	5.09	2.79	1.94	1.41	0.95
$C_5S_2\bar{S}$	—	1.16	1.79	1.74	2.41	2.99
C_4AF	20	2.60	4.93	6.28	7.92	9.35
C_2F	—	1.02	1.48	1.5	1.88	2.59

根据博格算法配料时，FR-SAC 熟料的目标矿物组成为 $C_4A_3\bar{S}$、C_2S、C_4AF 和 $CaSO_4$。但是，在 $CaO\text{-}Al_2O_3\text{-}Fe_2O_3\text{-}SO_3\text{-}SiO_2$ 五元系统中，通过固相反应形成的矿物相是复杂且不可控的。除目标产物外，FR-SAC 熟料中还会形成少量的 C_2F、$C_5S_2\bar{S}$ 和 C_2AS，这便导致矿物组成的目标含量和实际含量之间存在差异。

随着原料中 CaO 含量的增加，熟料中 $C_4A_3\bar{S}$ 和 C_2AS 的含量逐渐减少，C_4AF、$CaSO_4$ 和 C_2F 的含量逐渐增加。在熟料 $C_{0.90}$ 煅烧过程中，由于 CaO 的含量过少，其不足以完全消耗 Al_2O_3、Fe_2O_3 和 SiO_2。当存在于 $Ca(OH)_2$ 和 $CaCO_3$ 中的 CaO 消耗完全以后，Al_2O_3、Fe_2O_3 或 SiO_2 仍然存在于原料中，因此亟需 $CaSO_4$ 分解产生的 CaO 与 Al_2O_3、Fe_2O_3 或 SiO_2 发生反应，以促进 $CaSO_4$ 的分解。但是，在熟料 $C_{1.10}$ 中，根据博格算法可知，由于以 $Ca(OH)_2$ 和 $CaCO_3$ 形式存在的 CaO 的含量足够与 Al_2O_3、Fe_2O_3 或 SiO_2 完全反应，所以只有少量的 $CaSO_4$ 分解。因此，FR-SAC 熟料中 $CaSO_4$ 的剩余量随着原料中 CaO 含量的增加而增加。此外，尽管熟料 $C_{1.05}$ 和 $C_{1.10}$ 的碱度系数 C_m 的值大于 1.00，但是所有熟料中均没有游离 CaO 存在。

3.3.2　Fe_2O_3 在不同含铁矿物中的分布研究

3.3.2.1　$C_4A_{3-x}F_x\bar{S}$ 中 Fe_2O_3 的掺入量计算

图 3.4 为 $C_4A_3\bar{S}$ 的目标含量、RQPA 法计算含量以及两者之间的差值。从图中可以看出，尽管不同 FR-SAC 熟料中 $C_4A_3\bar{S}$ 的目标百分比均为 40 wt.%，但是使用 RQPA 法计算得到的 $C_4A_3\bar{S}$ 含量存在很大差异。而且，随着原料中 CaO 含量的增加，熟料中实际的 $C_4A_3\bar{S}$ 含量以及与目标 $C_4A_3\bar{S}$ 含量的差值显著减小。这是因为使用 RQPA 法定量计算矿物组成的过程中，由于无法找到 $C_4A_{3-x}F_x\bar{S}$ 对应的晶体结构，而 $C_4A_{3-x}F_x\bar{S}$ 与 $C_4A_3\bar{S}$ 的晶胞参数几乎相同，所以使用 $C_4A_3\bar{S}$ 的晶体结构代替 $C_4A_{3-x}F_x\bar{S}$ 分析计算得到 $C_4A_3\bar{S}$ 的质量分数。当以 $C_4A_3\bar{S}$ 的晶体结构来计算时，所得到的 $C_4A_3\bar{S}$ 的质量分数不仅包括纯的 $C_4A_3\bar{S}$ 晶体，还包括一部分的 $C_4A_{3-x}F_x\bar{S}$。这也造成了 RQPA 法与博格算法计算得到的 $C_4A_3\bar{S}$ 的含量存在差异。$C_4A_{3-x}F_x\bar{S}$ 中不同的 Fe_2O_3 掺入量导致了 RQPA 法计算得到的熟料中 $C_4A_3\bar{S}$ 含量的变化。

为了探索 Fe_2O_3 在熟料中的分布，需计算出 Fe_2O_3 掺入矿物 $C_4A_{3-x}F_x\bar{S}$ 中的含量。对于 FR-SAC 熟料中的 Fe_2O_3，除一部分 Fe_2O_3 掺入 $C_4A_3\bar{S}$ 形成 $C_4A_{3-x}F_x\bar{S}$ 外，剩余的 Fe_2O_3 均生成 C_4AF 和 C_2F。因此，Fe_2O_3 掺入 $C_4A_{3-x}F_x\bar{S}$ 中的含量可由熟料中 Fe_2O_3 的总量减去 C_4AF 和 C_2F 中 Fe_2O_3 的含量计算得到，计算公式如式 3-3 所示。然后，根据式 3-4、

式 3-5 和不同矿物的化学计量数及矿物含量，计算得到 $C_4A_{3-x}F_x\overline{S}$ 中的 x 值。

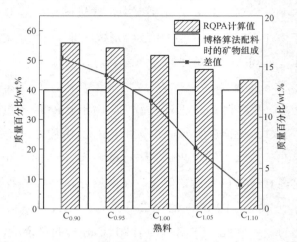

图 3.4　不同 FR-SAC 熟料中 $C_4A_3\overline{S}$ 的目标含量、RQPA 法计算含量及两者的差值

$$W_1 = W_{Fe_2O_3} - m_{C_4AF} \times \frac{M_{Fe_2O_3}}{M_{C_4AF}} - m_{C_2F} \times \frac{M_{Fe_2O_3}}{M_{C_2F}} \qquad （式3-3）$$

其中，W_1 表示 $C_4A_{3-x}F_x\overline{S}$ 中掺入的 Fe_2O_3 的含量；$W_{Fe_2O_3}$ 表示熟料中 Fe_2O_3 的总量；m_{C_4AF} 和 m_{C_2F} 表示 RQPA 法得到的熟料中 C_4AF 和 C_2F 的含量；$M_{Fe_2O_3}$、M_{C_4AF} 和 M_{C_2F} 分别表示 Fe_2O_3、C_4AF 和 C_2F 的相对分子质量。

当形成 1 mol 的 $C_4A_{3-x}F_x\overline{S}$ 时，可将其假设为 $x/3$ mol 的 $C_4F_3\overline{S}$ 和（3-x）/3 mol 的 $C_4A_3\overline{S}$。因此，$C_4F_3\overline{S}$ 中的 Fe_2O_3 即为掺入 $C_4A_{3-x}F_x\overline{S}$ 中的 Fe_2O_3 含量，其值表示为 $m_{C_4F_3\overline{S}}$，并由式 3-4 计算得到。

$$m_{C_4F_3\overline{S}} = W_1 \times \frac{M_{C_4F_3\overline{S}}}{M_{Fe_2O_3}} \qquad （式3-4）$$

利用 RQPA 法计算得到的 $C_4A_3\overline{S}$ [$m_{C_4A_3\overline{S}}$（quantified）] 的值是 $C_4A_3\overline{S}$ 和 $C_4A_{3-x}F_x\overline{S}$ 的总量。当已知 $C_4F_3\overline{S}$ 的总量时，$C_4A_{3-x}F_x\overline{S}$ 中 Al_2O_3 的含量命名为 W_2，其可以根据式 3-5 求得。最后，Fe_2O_3 掺入 $C_4A_{3-x}F_x\overline{S}$ 中的量可根据式 3-6 计算得到。

$$W_2 = (m_{C_4A_3\overline{S}}(quantified) - m_{C4F3\overline{S}}) \times \frac{M_{Al_2O_3}}{M_{C_4A_3\overline{S}}} \qquad （式3-5）$$

$$w = \frac{W_1}{W_1 + W_2} \times 100\% \qquad （式3-6）$$

其中，w 表示 $C_4A_{3-x}F_x\overline{S}$ 中 Fe_2O_3 的质量分数。

Fe_2O_3 的掺入量和 $C_4A_{3-x}F_x\overline{S}$ 中 x 的值见表 3.4。由表可知，随着 CaO 含量的增加，$C_4A_{3-x}F_x\overline{S}$ 中 Fe_2O_3 的掺入量逐渐从 17.72 wt.% 减少至 8.96 wt.%，相应地，$C_4A_{3-x}F_x\overline{S}$ 中 x

的值从 0.36 减小至 0.18。

表 3.4　$C_4A_{3-x}F_x\overline{S}$ 中 Fe_2O_3 的掺入量及 x 的值

熟料	掺入量/wt.%	x
$C_{0.90}$	17.72	0.36
$C_{0.95}$	14.66	0.30
$C_{1.00}$	13.69	0.28
$C_{1.05}$	11.92	0.24
$C_{1.10}$	8.96	0.18

3.3.2.2　Fe_2O_3 在 $C_4A_{3-x}F_x\overline{S}$ 中的分布研究

图 3.5 为不同 C_m 的 FR-SAC 熟料的 SEM 图。从图中可以看出，熟料中的 $C_4A_{3-x}F_x\overline{S}$ 主要有六边形板状结构和四边形柱状结构。随着 C_m 的增加，六边形板状的晶体结构逐渐减少。

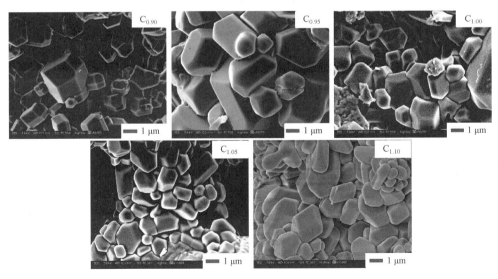

图 3.5　FR-SAC 熟料 $C_{0.90}$～$C_{1.10}$ 的 SEM 图

为了验证 Fe_2O_3 在 $C_4A_{3-x}F_x\overline{S}$ 中的分布比例，在熟料 $C_{1.00}$ 中选取 5 个不同的 $C_4A_{3-x}F_x\overline{S}$ 晶体颗粒，通过 SEM-EDS 测定矿物 $C_4A_{3-x}F_x\overline{S}$ 晶体颗粒上的元素组成。为了确保 EDS 测试结果的准确性，所有选择区域必须位于 $C_4A_{3-x}F_x\overline{S}$ 晶体表面而不能超出 $C_4A_{3-x}F_x\overline{S}$ 晶体。图 3.6 为使用 EDS-mapping 图展示了 $C_4A_{3-x}F_x\overline{S}$ 晶体颗粒的主要元素 O、Ca、Al、Fe 和 S 的分布，它们的质量分数见表 3.5。从图中可以看出，$C_4A_{3-x}F_x\overline{S}$ 晶体上，O 和 Al

元素的分布较多。统计结果表明，S:Ca:O 的质量分数比为 1:4.5:7.8，与 $C_4A_3\overline{S}$ 中对应元素的质量分数比 1:5:8 相近。尽管不同的 $C_4A_{3-x}F_x\overline{S}$ 颗粒中，Fe_2O_3 与 Al_2O_3 掺杂混合的总量不同，但是熟料 $C_{1.00}$ 的 $C_4A_{3-x}F_x\overline{S}$ 晶体颗粒中 Fe_2O_3 的含量约为 14.08 wt.%。这与由 XRD 定量计算得到的 Fe_2O_3 在 $C_4A_{3-x}F_x\overline{S}$ 晶体中的掺入量相近。

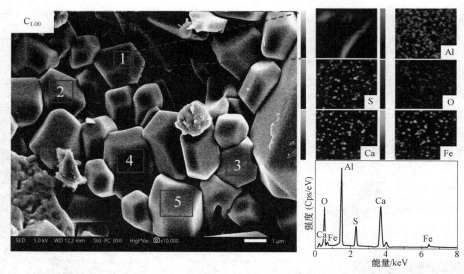

图 3.6 熟料 $C_{1.00}$ 的 SEM-EDS 图及 $C_4A_{3-x}F_x\overline{S}$ 矿物的元素分布图

表 3.5 $C_4A_{3-x}F_x\overline{S}$ 晶体颗粒上不同区域的化学组成（wt.%）

熟料	区域	O	Ca	Al	Fe	S	$W(Fe_2O_3)/W(Al_2O_3 + Fe_2O_3)$
	1	41.73	24.03	22.38	4.47	5.23	13.12
	2	42.08	24.83	19.93	5.29	5.46	16.71
$C_{1.00}$	3	42.34	24.14	21.86	4.14	5.27	12.52
	4	41.94	22.66	22.31	5.04	5.92	14.59
	5	42.49	24.68	21.63	4.43	5.18	13.41
$C_{0.90}$	平均	42.21	24.30	20.40	5.55	5.32	17.06
$C_{0.95}$	平均	42.39	24.16	20.96	4.64	5.69	14.34
$C_{1.00}$	平均	42.11	24.06	21.62	4.67	5.42	14.04
$C_{1.05}$	平均	43.44	23.88	21.94	3.88	5.53	11.79
$C_{1.10}$	平均	43.66	22.95	22.14	3.14	6.18	9.68

与熟料 $C_{1.00}$ 相似，使用上述方法测试其他熟料中 $C_4A_{3-x}F_x\overline{S}$ 晶体颗粒的元素分布，结果见表 3.5。通过 SEM-EDS 检测得到的 $C_4A_{3-x}F_x\overline{S}$ 中 Fe_2O_3 的掺入量分别为 17.06 wt.%、14.34 wt.%、14.04 wt.%、11.79 wt.% 和 9.68 wt.%。同时，随着熟料中 C_m 值的增加，掺入

$C_4A_{3-x}F_x\overline{S}$ 中的 Fe_2O_3 含量逐渐减少。这与 XRD 定量分析所得结果相一致，进一步验证了生料中的 CaO 含量对 Fe_2O_3 分布的影响规律。

3.3.3　Fe_2O_3 和 Al_2O_3 的有效利用率

C_4AF 的水化反应速率较快，有益于 FR-SAC 的早期强度发展，但是对后期强度影响较小；常温下，C_2F 和 C_2AS 几乎不具有水化活性，不利于胶凝材料强度的发展；而 $C_4A_{3-x}F_x\overline{S}$ 的水化速率相对平缓，既有益于胶凝材料的早期强度发展，也可以促进后期强度的增强[157]。因此，分别定义 Fe_2O_3 和 Al_2O_3 在 $C_4A_{3-x}F_x\overline{S}$ 中的分布比率为 Fe_2O_3 或 Al_2O_3 的有效利用率。

通过计算，已经求得 Fe_2O_3 在 $C_4A_{3-x}F_x\overline{S}$ 中的掺入量，由此可求得 Fe_2O_3 在不同含铁矿物中的分布。图 3.7 为 Fe_2O_3 和 Al_2O_3 在不同矿物中的分布情况。随着原料中 C_m 的增加，掺入 $C_4A_3\overline{S}$ 中形成 $C_4A_{3-x}F_x\overline{S}$ 的 Fe_2O_3 的含量减少。其中，与熟料 $C_{0.90}$ 相比，熟料 $C_{1.10}$ 中约 50 wt.% 的 Fe_2O_3 转化为 C_4AF 和 C_2F。因此，增加熟料的 C_m 不利于提高 Fe_2O_3 的有效利用率。对于 Al_2O_3，虽然 FR-SAC 熟料中的 $C_4A_{3-x}F_x\overline{S}$ 的含量明显降低，但 Al_2O_3 在 $C_4A_{3-x}F_x\overline{S}$ 中的分布比率几乎保持不变，均保持在 90%以上。随着生料中 C_m 的增加，以 C_2AS 形式存在的 Al_2O_3 的分布率减少，而在 C_4AF 中的 Al_2O_3 的比率增加。C_4AF 比 C_2AS 具有更高的水化活性，这有益于 FR-SAC 的机械性能的发展。因此，配制 FR-SAC 生料时，增加生料的 C_m 值能够提高 Al_2O_3 的有效利用率，但阻碍更多的 Fe_2O_3 掺入 $C_4A_{3-x}F_x\overline{S}$ 中。

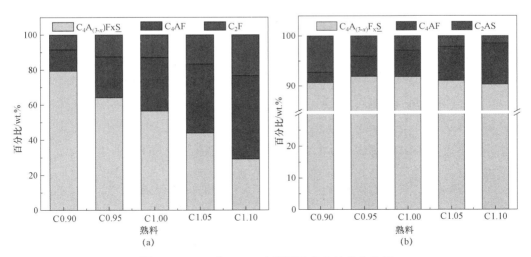

图 3.7　Fe_2O_3 和 Al_2O_3 在不同矿物中的分布比例

3.3.4 不同情况下 CaO 含量对 FR-SAC 熟料矿物组成的影响规律

3.3.4.1 不同 CaO 含量对 30 wt.%C₄AF 设计量的 FR-SAC 熟料矿物组成的影响

研究结果表明，当 FR-SAC 熟料中设计 20 wt.% 的 C_4AF 时，随着 C_m 的增加，$C_4A_{3-x}F_x\overline{S}$ 中 Fe_2O_3 的掺入量减少。为了验证该结果适用于所有 C_4AF 含量的 FR-SAC 熟料，研究了当熟料中 C_4AF 和 $C_4A_3\overline{S}$ 的设计含量均为 30 wt.% 时，不同 CaO 含量对熟料矿物组成的影响。图 3.8 为所得熟料的 XRD 图。从图中可以看出，熟料中的矿物与 C_4AF 设计量为 20 wt.% 的 FR-SAC 熟料中的矿物种类相同。与 C_4AF 设计量为 20 wt.% 的 FR-SAC 熟料不同的是，C_m 为 0.90 的熟料中，可以明显观察到 $CaSO_4$ 的特征峰。所有的熟料中均不存在 C_2AS。更重要的是，随着原料中 CaO 含量的增加，熟料中 C_4AF 的含量明显增加，而且 $C_4A_{3-x}F_x\overline{S}$ 的特征峰向高角度偏移量更大。这表明 $C_4A_{3-x}F_x\overline{S}$ 中 Fe_2O_3 的掺入量随着原料中 C_m 的增加而减少，且减少量更大。这与 CaO 含量对 20 wt.%C₄AF 的 FR-SAC 熟料的影响结果相一致。

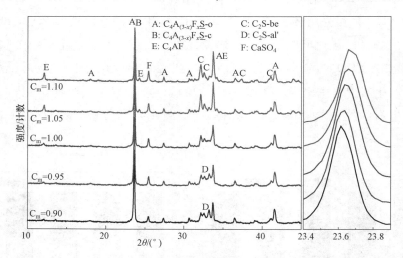

图 3.8　30 wt.%C₄AF 设计量的 FR-SAC 熟料的 XRD 图

3.3.4.2 煅烧温度和凝结时间对 FR-SAC 熟料矿物组成的影响

在烧制 FR-SAC 熟料的过程中，煅烧温度和保温时间不仅通过改变熟料的煅烧工艺来影响矿物组成，而且能够影响 $CaSO_4$ 的分解从而影响参加反应的 CaO 和 SO_2 的含量[158]。因此，我们研究了煅烧温度和保温时间对 FR-SAC 熟料中含铁矿物形成的影响，图 3.9 为它们的 XRD 图。

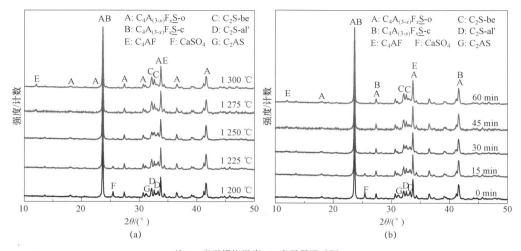

注：a 表示煅烧温度；b 表示保温时间。

图 3.9　不同煅烧温度和保温时间下 FR-SAC 熟料的 XRD 图

从图 3.9（a）中可以看出，随着煅烧温度的增加，$CaSO_4$ 的特征峰逐渐降低并最终消失。这表示随着温度的升高，更多的 $CaSO_4$ 分解，从而使得熟料中更多的 CaO 参与反应形成活性矿物。同时，C_4AF 的特征峰强度增加，而 $C_4A_{3-x}F_x\overline{S}$ 的峰强度降低。这表明随着温度的升高，更多的 Fe_2O_3 生成 C_4AF，而掺入 $C_4A_{3-x}F_x\overline{S}$ 中的 Fe_2O_3 的含量降低。相似地，从图 3.9（b）中可以看出，随着保温时间的增长，$CaSO_4$ 的衍射峰强度降低而 C_4AF 的衍射峰强度增强。这种现象与改变煅烧温度引起的变化结果相一致。由于提高煅烧温度和增加保温时间可以促进 $CaSO_4$ 分解，使更多的 CaO 参加到矿物形成的反应，导致了 C_4AF 的增加和 $C_4A_{3-x}F_x\overline{S}$ 含量的减少。这进一步表明参与熟料中活性矿物的形成反应的 CaO 含量增加能够导致 $C_4A_{3-x}F_x\overline{S}$ 中 Fe_2O_3 的掺入量减少。因此，当在 1 200～1 300 ℃下烧制 FR-SAC 熟料时，煅烧温度和保温时间能够通过影响 $CaSO_4$ 的分解和参与反应的 CaO 含量来影响熟料中 Fe_2O_3 的分布。

综上所述，在烧制 FR-SAC 熟料的过程中，原料中 CaO 的含量影响熟料的矿物组成，随着 CaO 含量的增加，$C_4A_{3-x}F_x\overline{S}$ 中 Fe_2O_3 的掺入量减少，导致 C_4AF 的生成量增加和 $C_4A_{3-x}F_x\overline{S}$ 的生成量减少。

3.3.5　不同矿物组成的 FR-SAC 性能研究

3.3.5.1　水化热

在烧制 FR-SAC 熟料的过程中，生料中 CaO 的含量明显影响熟料中含铁矿物的形成，并减少 $C_4A_{3-x}F_x\overline{S}$ 中 Fe_2O_3 的掺入量。但是，不同 CaO 含量的 FR-SAC 熟料的水化性能尚不明确。因此，本小节研究了熟料 $C_{0.90} \sim C_{1.10}$ 对应的胶凝材料的水化热特性，以了解生料中不同 CaO 含量对 FR-SAC 的水化性能的影响。

往熟料 $C_{0.90} \sim C_{1.10}$ 中分别添加 10 wt.% 的二水石膏，混合均匀后测试其水化热。图 3.10 为不同矿物组成的胶凝材料的水化热曲线。放热峰① 为胶凝材料与水混合的放热峰；放热峰③ 为胶凝材料中 $C_4A_{3-x}F_x\overline{S}$ 与 $CaSO_4 \cdot 2H_2O$ 水化反应的放热峰；放热峰④ 为 $CaSO_4 \cdot 2H_2O$ 逐渐消耗后，$C_4A_{3-x}F_x\overline{S}$ 与 $C_4A_{3-x}F_x\overline{S}$ 溶解产生的 $SO_4{}^{2-}$ 发生水化反应的放热峰。这与常见的硫铝酸盐水泥的水化反应相一致。但是，与普通硫铝酸盐水泥的水化热曲线不同的是，胶凝材料 $C_{1.05}$ 和 $C_{1.10}$ 中出现了第四个放热峰。根据熟料 $C_{1.05}$ 和 $C_{1.10}$ 的矿物组成可知，放热峰② 为熟料中 C_4AF 与 $CaSO_4 \cdot 2H_2O$ 发生水化反应产生的放热峰，其水化反应如式 2-11 所示。从水化热曲线图中可以看出，当胶凝材料中有足够的 $CaSO_4 \cdot 2H_2O$ 存在时，C_4AF 的水化速率明显快于 $C_4A_{3-x}F_x\overline{S}$ 的水化速率，C_4AF 更利于提高 FR-SAC 的早期强度，这与文献中描述的内容相一致[60,159]。此外，除熟料 $C_{0.95}$ 外，随着原料中 CaO 添加量的增加，熟料中 C_4AF 的含量逐渐增加，但是胶凝材料的累积水化热仍然逐渐较少。分析熟料中 $C_4A_{3-x}F_x\overline{S}$ 和 C_4AF 的质量分数可知，在熟料 $C_{0.95}$ 中，$C_4A_{3-x}F_x\overline{S}$ 和 C_4AF 的质量分数之和最大，其产生的水化热最高；而除 $C_{0.95}$ 外，随着熟料 CaO 含量的增加，$C_4A_{3-x}F_x\overline{S}$ 和 C_4AF 的质量分数之和减小，胶凝材料的累积水化热仍然逐渐减少。

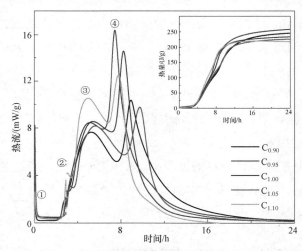

图 3.10　不同矿物组成的胶凝材料的水化热曲线

3.3.5.2　抗压强度

将上述不同 C_m 制备得到的 FR-SAC 熟料与 10 wt.% 的二水石膏混合，在 0.30 的水灰比下制备得到尺寸为 20 mm × 20 mm × 20 mm 的 FR-SAC 净浆试块，在标准氧化下养护至一定龄期，图 3.11 为其不同龄期的抗压强度。

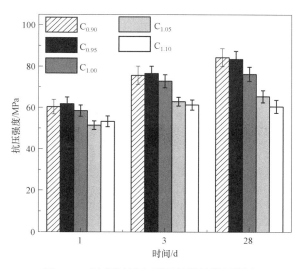

图 **3.11**　胶凝材料在不同龄期的抗压强度

从图中可以看出，胶凝材料 $C_{0.90}$ 和 $C_{0.95}$ 的净浆试块在不同龄期的抗压强度均相差不大，试块 3 天和 28 天的抗压强度均可达 73 MPa 和 81 MPa 以上；而且在 1 天和 3 天养护后，$C_{0.95}$ 的净浆试块的抗压强度略高于 $C_{0.90}$ 的净浆试块，但 28 天后，$C_{0.90}$ 的净浆试块的抗压强度高于 $C_{0.95}$ 的净浆试块。当熟料的 C_m 值大于 0.95 时，胶凝材料净浆试块的强度随 C_m 的增大而降低。尤其是对于试块 $C_{1.05}$ 和 $C_{1.10}$，净浆试块的强度明显低于试块 $C_{0.90}$ 和 $C_{0.95}$，这与熟料的矿物组成有关。熟料 $C_{1.05}$ 和 $C_{1.10}$ 中，生成 C_4AF 的含量较多，导致 $C_4A_{3-x}F_x\overline{S}$ 的含量急剧减少，从而导致胶凝材料净浆强度的下降。胶凝材料抗压强度的变化与其水化特性变化相一致。此外，随着熟料 C_m 的增大，熟料中 $CaSO_4$ 的含量也明显地增加，这也是导致净浆试块强度降低的主要原因。因此，原料中 CaO 含量的增加能够增加 $CaSO_4$ 的剩余量，降低 FR-SAC 熟料中 $C_4A_{3-x}F_x\overline{S}$ 和 C_4AF 的含量，从而降低 FR-SAC 净浆试块的抗压强度。

3.4　CaSO₄ 含量对 FR-SAC 熟料的含铁矿物形成的影响研究

3.4.1　CaSO₄ 分解率与 f-CaO

在烧制硫铝酸盐水泥熟料的过程中，如式 3-7 和式 3-8 所示，在温度为 950～1 000 ℃

时，$CaSO_4$ 能够与 CaO 和 Al_2O_3 反应生成 $C_4A_3\overline{S}$；在温度为 1 150～1 250 ℃时，$CaSO_4$ 能够与 C_2S 反应生成 $C_5S_2\overline{S}$。此外，当温度大于 1 200 ℃时，$CaSO_4$ 会发生分解，如式 3-9 所示。而且，在相同的煅烧温度与保温时间下，$CaSO_4$ 的含量不同，其分解速率也不相同，这也导致熟料中 $CaSO_4$ 分解和 $f\text{-}CaO$ 含量的不同。

$$3CaO+3Al_2O_3+CaSO_4 \xrightarrow{950～1\,000\,℃} C_4A_3\overline{S} \qquad （式 3-7）$$

$$2C_2S+CaSO_4 \xrightarrow{1150～1250\,℃} C_5S_2\overline{S} \qquad （式 3-8）$$

$$CaSO_4 \xrightarrow{1\,200\,℃} SO_3+CaO \qquad （式 3-9）$$

图 3.12 为不同 $CaSO_4$ 含量的熟料中 $CaSO_4$ 的分解率。从图中可以看出，熟料 S_0 中仅有 1.39 wt.%的 $CaSO_4$ 分解。当熟料中没有多余的 $CaSO_4$ 时，大部分 $CaSO_4$ 在分解之前已与 CaO 和 Al_2O_3 发生反应生成 $C_4A_{3-x}F_x\overline{S}$。随着熟料中剩余 $CaSO_4$ 的增多，一部分未反应的 $CaSO_4$ 在温度达到 1 200 ℃后开始分解，熟料 S_0～S_{10} 中 $CaSO_4$ 的分解率从 1.39%升高至 29.02%。然而，由于 Fe_2O_3 能够促进 $CaSO_4$ 的分解[70,158]，当熟料中设计的 $CaSO_4$ 的剩余量增多时，熟料中 Fe_2O_3 的质量分数就会减少，对 $CaSO_4$ 分解的促进作用就会降低，导致熟料 S_{10}～S_{20} 中的 $CaSO_4$ 分解率降低。因此，$CaSO_4$ 分解率先增加随后略微减少。

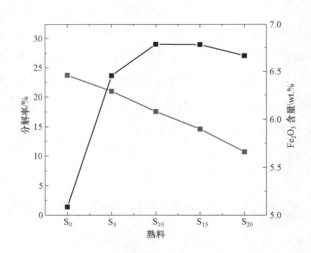

图 3.12　FR-SAC 熟料 S_0～S_{20} 的 $CaSO_4$ 分解率

尽管熟料 S_5～S_{20} 中均能观察到 $CaSO_4$ 的分解，但所有熟料中都不存在 f-CaO。在烧制 FR-SAC 熟料的过程中，由于 $CaSO_4$ 没有完全分解，使得 CaO 始终保持不足。因此，不会因为存在 CaO 而引起 FR-SAC 熟料的质量问题。

3.4.2　原料中不同 CaSO₄ 含量时 FR-SAC 熟料的矿物组成

3.4.2.1　定性分析

图 3.13 为不同熟料的 XRD 图。从图中可以看出，所有熟料的主要峰仍为 $C_4A_3\overline{S}$、C_2S、$CaSO_4$、C_4AF 和 C_2F。随着 FR-SAC 生料中 $CaSO_4$ 设计剩余量的增加，C_4AF 的特征峰强度明显降低。不同熟料中 C_2S、C_2AS 和 $CaSO_4$ 的衍射峰强度也发生明显的变化。$C_4A_{3-x}F_x\overline{S}$ 的主要衍射峰［$C_4A_3\overline{S}$ -c 和 $C_4A_3\overline{S}$ -o 的晶面指数分别为（2 1 1）和（0 2 2）］发生轻微的偏移，熟料 S_0、S_5、S_{10}、S_{15} 和 S_{20} 的 d 值分别为 3.752 6 Å、3.754 8 Å、3.755 4 Å、3.756 7 Å 和 3.758 7 Å。随着 $CaSO_4$ 设计剩余量的增加，$C_4A_3\overline{S}$ 最强衍射峰的 d 值从 3.752 6 Å 增加到 3.758 7Å。这说明 $C_4A_{3-x}F_x\overline{S}$ 存在于 FR-SAC 熟料中，而且 $C_4A_{3-x}F_x\overline{S}$ 中的 Fe_2O_3 含量逐渐增加[160]。由于 Fe^{3+}（$r=0.069$ nm）的半径大于 Al^{3+}（$r=0.053$ nm），Fe^{3+} 在晶体结构中占据八面体位置，而 Al^{3+} 占据四面体位置。因此，随着熟料中 $CaSO_4$ 设计剩余量的增加，$C_4A_{3-x}F_x\overline{S}$ 中 Fe_2O_3 的含量增加。

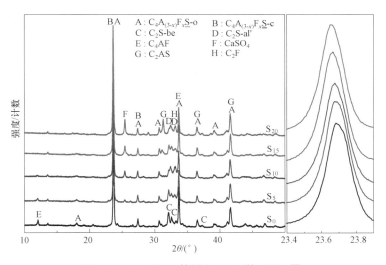

图 3.13　FR-SAC 熟料 $S_0 \sim S_{20}$ 的 XRD 图

3.4.2.2　定量分析

通过 XRF 得到 FR-SAC 熟料的化学组成，结果见表 3.6。结合化学组成，以 ZnO 为内标掺物，使用 RQPA 法获得熟料 S_0 的矿物组成[128]，图 3.14 为其精修曲线示意图。从图中可以看出，本次计算的权重因子 R-因子（R_{wp}）值为 6.32%，这表明了本次精修的可信度。当 20 wt.% 的 ZnO 用作内标掺物时，非晶相和未检测到的矿物的总量仅为 1.2 wt.%，熟料 S_0 中仅含有少量的非晶相物质。相似的，熟料 $S_5\sim S_{20}$ 中，使用内标法计算得到的非晶相的含量分别为 6 wt.%、0.8 wt.%、1.7 wt.% 和 1.4 wt.%。由于不同熟料中的非晶相含量相近且含量较少，可忽略其对后续计算结果的影响。因此，直接使用 RQPA 法计算熟料中的矿物组成。

表 3.6　不同熟料的化学组成（wt.%）

熟料	CaO	SiO_2	Al_2O_3	Fe_2O_3	SO_3
S_0	46.67	10.31	28.85	6.47	7.70
S_5	46.41	10.23	28.67	6.45	8.23
S_{10}	45.60	10.06	28.15	6.33	9.86
S_{15}	44.18	9.62	27.74	6.19	12.27
S_{20}	42.93	9.50	26.56	5.98	15.03

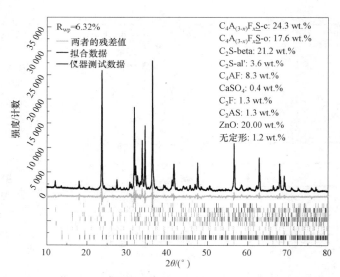

注：黑色曲线为实验测得数据曲线，深灰色曲线为精修计算所得曲线，中间的浅灰色曲线为实测值和计算值的差值曲线，下方小线段对应着不同物质的出峰位置。

图 3.14　内标法测定熟料 S_0 的 RQPA 曲线

图 3.15 为熟料 S_0 不添加内掺物的 RQPA 曲线。精修权重因子 R_{wp} 为 5.90%。在此精修过程中，$C_4A_{3-x}F_x\bar{S}$ 有单斜晶体和立方晶体两种晶型；C_2S 则有 β-C_2S 和 α'-C_2S 两种晶型。熟料中还检测到 $CaSO_4$、C_4AF 和 C_2F，它们的矿物组成见表 3.7。同理，熟料中 S_5、

S$_{10}$、S$_{15}$ 和 S$_{20}$ 中的矿物组成也见表 3.7。

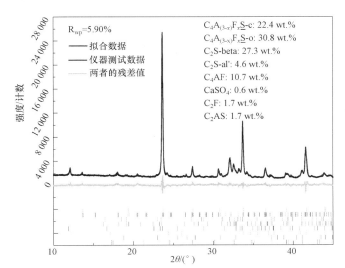

注：黑色曲线为实验测得数据曲线，深灰色曲线为精修计算所得曲线，中间的浅灰色曲线为实测值和计算值的差值曲线，
下方小线段对应着不同物质的出峰位置。

图 3.15　熟料 S$_0$ 不添加内掺物的 RQPA 曲线

表 3.7　不同熟料的矿物组成（wt.%）

矿物 \ 熟料	S$_0$ 博格算法配料时的矿物组成	S$_0$ RQPA 计算值	S$_5$ 博格算法配料时的矿物组成	S$_5$ RQPA 计算值	S$_{10}$ 博格算法配料时的矿物组成	S$_{10}$ RQPA 计算值	S$_{15}$ 博格算法配料时的矿物组成	S$_{15}$ RQPA 计算值	S$_{20}$ 博格算法配料时的矿物组成	S$_{20}$ RQPA 计算值
C$_4$A$_3$$\bar{S}$-o	—	22.4	—	19.3	—	17.8	—	15.1	—	12.3
C$_4$A$_3$$\bar{S}$-c	—	30.9	—	33.2	—	33.0	—	36.1	—	36.7
C$_4$A$_3$$\bar{S}$	50	53.3	47.5	52.5	45	50.8	42.5	51.2	40	49.0
β-C$_2$S	—	27.3	—	15.7	—	7.6	—	14.9	—	8.7
α'-C$_2$S	—	4.6	—	19.3	—	27.4	—	16.1	—	17.5
C$_2$S	30	31.9	28.5	35.0	27	35.0	25.5	31.0	24	26.2
CaSO$_4$	0	0.6	5	1.7	10	4.2	15	6.8	20	9.0
C$_2$AS	—	0.2	—	0.7	—	1.7	—	3.3	—	10.6
C$_5$S$_2$$\bar{S}$	—	1.7	—	1.2	—	1.2	—	2.6	—	2.4
C$_4$AF	20	10.7	19	7.9	18	5.3	17	3.2	16	1.6
C$_2$F	—	1.7	—	1.2	—	1.9	—	1.8	—	1.1

在配料时，熟料中的目标矿物为 C$_4$A$_3$$\bar{S}$、C$_2$S、C$_4$AF 和 CaSO$_4$，但是熟料中实际测量的矿物还包括 C$_2$F、C$_5S_2$$\bar{S}$ 和 C$_2$AS，从而导致熟料中矿物组成的变化。随着熟料中

CaSO₄ 设计剩余量的增加，C₄AF 的含量从 10.7 wt.% 减少至 1.6 wt.%，而 CaSO₄ 和 C₂AS 的含量从 0 wt.% 分别增加至 9.0 wt.% 和 10.6 wt.%。造成这种变化的原因之一是当计算原料的配比时，原料中所有的 CaO 均被用来计算 C_m，包括 CaSO₄ 中的 CaO。但是，当 C_m 的实际值小于 1.00 时，熟料 S_5、S_{10}、S_{15} 和 S_{20} 中的 CaSO₄ 并不能够完全分解。根据式 3-10，在 1 100 ℃ 左右，C₂AS 将会与 CaO 和 CaSO₄ 发生反应生成 $C_4A_3\bar{S}$。当 C_m 小于 1.00 时，CaO 含量不足，不能够与 C₂AS 反应生成 $C_4A_3\bar{S}$[18]，从而导致熟料中 C₂AS 含量的增加。同理，随着熟料中 CaSO₄ 设计剩余量的增加，熟料中有更多的未分解的 CaSO₄，意味着更少的 CaO 参与矿物形成反应，导致 C₂AS 的含量增加。

$$3CaO+3C_2AS+CaSO_4 \xrightarrow{\ 1050\sim1150℃\ } C_4A_3\bar{S}+3C_2S \qquad （式\ 3\text{-}10）$$

3.4.3　Fe₂O₃ 和 Al₂O₃ 的分布及有效利用率

3.4.3.1　$C_4A_{3-x}F_x\bar{S}$ 中 Fe₂O₃ 的掺量研究

图 3.16 为熟料 S_0 中 $C_4A_{3-x}F_x\bar{S}$ 的理论设计量、RQPA 计算值及两者的差值。随着熟料中 CaSO₄ 设计剩余量的增加，$C_4A_{3-x}F_x\bar{S}$ 的理论设计量和 RQPA 计算值均减小，但两者之间的差值逐渐增大。在配制 FR-SAC 熟料时，熟料中的目标产物为 $C_4A_3\bar{S}$，但是实际生产中，部分 Fe₂O₃ 掺入 $C_4A_3\bar{S}$ 中形成 $C_4A_{3-x}F_x\bar{S}$，从而导致 $C_4A_{3-x}F_x\bar{S}$ 含量的增加，而实际 $C_4A_{3-x}F_x\bar{S}$ 含量与目标 $C_4A_3\bar{S}$ 含量的差值的增大可能是由于 Fe₂O₃ 的掺量增加而引起的。

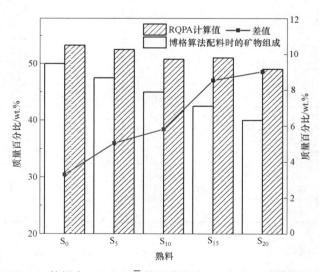

图 3.16　不同 FR-SAC 熟料中 $C_4A_{3-x}F_x\bar{S}$ 的理论设计量、RQPA 计算值及两者之间的差值

根据式 3-3～式 3-7，得到不同熟料的 $C_4A_{3-x}F_x\bar{S}$ 中 Fe_2O_3 的掺入量，相应地，$C_4A_{3-x}F_x\bar{S}$ 中 x 的值见表 3.8。随着熟料中 $CaSO_4$ 理论设计量的增加，$C_4A_{3-x}F_x\bar{S}$ 中 Fe_2O_3 的掺入量从 7.11 wt.%增加至 16.18 wt.%，相应地，x 值从 0.14 增加至 0.33。这与不同熟料中矿物变化的定性分析结果相一致。

表 3.8　不同 $C_4A_{3-x}F_x\bar{S}$ 中 Fe_2O_3 的掺入量（wt.%）

	Fe_2O_3 的掺入量	x
S_0	7.11	0.14
S_5	10.87	0.22
S_{10}	11.77	0.24
S_{15}	13.26	0.27
S_{20}	16.18	0.33

3.4.3.2　SEM-EDS 分析

使用 SEM-EDS 检测不同熟料 $C_4A_{3-x}F_x\bar{S}$ 晶体颗粒上的元素分布，获得 $C_4A_{3-x}F_x\bar{S}$ 中 Fe_2O_3 的掺入量。图 3.17 为熟料 S_0～S_{20} 的 SEM 图。与之前的研究相同，熟料中 $C_4A_{3-x}F_x\bar{S}$ 呈现出六边形板状结构和四边形柱状结构两种形貌。随着熟料中 $CaSO_4$ 理论设计量的增加，六边形板状结构逐渐增加。C_4AF 的微观形貌为圆柱结构，但在该组 SEM 图中很少观察到。此外，随着熟料中 $CaSO_4$ 设计量的增加，熟料中晶体的尺寸逐渐减小，熔融相逐渐减少。

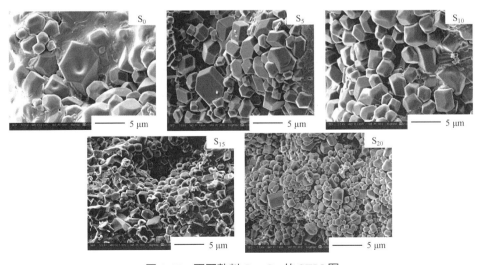

图 3.17　不同熟料 S_0～S_{20} 的 SEM 图

为了验证 $C_4A_{3-x}F_x\overline{S}$ 中 Fe_2O_3 的含量，选取熟料中的 $C_4A_{3-x}F_x\overline{S}$ 晶体颗粒，检测其元素组成。图 3.18 为熟料 S_0 的 SEM-EDS 和 EDS-mapping 图，图 3.19 为熟料 S_{20} 的 SEM-EDS 和 EDS-mapping 图。从 EDS-mapping 图中可以看出，选定区域由 Al、S、Fe、Ca 和 O 五种元素组成。其中，熟料 S_{20} 中的 Fe 的分布点密度明显大于熟料 S_0，说明熟料 S_{20} 的 $C_4A_{3-x}F_x\overline{S}$ 晶体上含有更多的 Fe_2O_3。

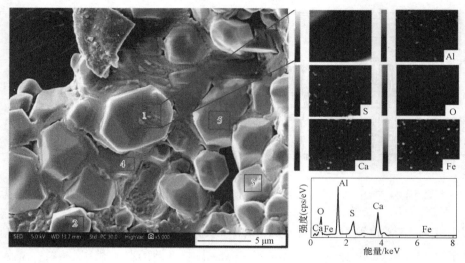

图 3.18　熟料 S_0 的 SEM-EDS 和 EDS-mapping 图

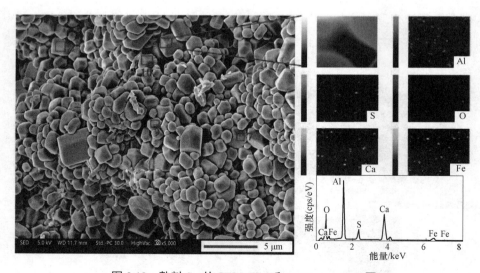

图 3.19　熟料 S_{20} 的 SEM-EDS 和 EDS-mapping 图

同样的，在熟料 S_0 和 S_{20} 中选取其他四个区域，通过 SEM-EDS 得到选定区域的元素质量分数，结果分别见表 3.9 和表 3.10。其中，在熟料 S_0 和 S_{20} 中，S:Ca:O 的质量分数比分别为 1:4.5:7.1 和 1:5:7.7，两者均与 $C_4A_{3-x}F_x\overline{S}$ 中 S:Ca:O 的元素比 1:5:8 相近。在熟料 S$_0$ 和 S$_{20}$ 的 C$_4$A$_{3-x}$F$_x$$\overline{S}$ 中分别掺入了约 7.11 wt.% 和 17.24 wt.% 的 Fe$_2$O$_3$。这与 XRD 定量分析的结果相一致。因此，随着熟料中 CaSO$_4$ 设计量的增加，C$_4$AF 的含量减少，更多的 Fe$_2$O$_3$ 掺入 C$_4$A$_{3-x}$F$_x$$\overline{S}$ 中。

表 3.9　熟料 S$_0$ 的元素质量分数

	O	Ca	Al	Fe	S	$W(Fe_2O_3)/W(Al_2O_3+Fe_2O_3)$
1	41.23	27.43	23.12	2.59	5.63	7.16
2	41.10	26.79	22.74	3.05	6.32	8.46
3	41.71	25.83	24.24	2.26	5.96	6.03
4	41.48	25.92	23.82	2.66	6.12	7.14
5	42.43	26.73	22.95	2.43	5.46	6.80
平均	41.59	26.54	23.37	2.60	5.90	7.11

表 3.10　熟料 S$_{20}$ 的元素质量分数

	O	Ca	Al	Fe	S	$W(Fe_2O_3)/W(Al_2O_3+Fe_2O_3)$
6	43.13	25.65	19.32	5.95	5.95	17.50
7	42.64	26.54	20.28	5.48	5.06	15.69
8	40.92	26.93	20.19	6.98	4.98	19.23
9	39.34	27.43	21.00	5.66	5.57	15.66
10	41.34	28.21	19.07	6.14	5.24	18.15
平均	**41.47**	**26.95**	**19.97**	**6.04**	**5.36**	**17.24**

3.4.3.3　Fe$_2$O$_3$ 和 Al$_2$O$_3$ 的有效利用率

随着熟料中 CaSO$_4$ 设计量的增加，更多的 Fe$_2$O$_3$ 掺入 C$_4$A$_{3-x}$F$_x$$\overline{S}$ 中。同时，由于 C$_4$AF 和 C$_4$A$_{3-x}$F$_x$$\overline{S}$ 的水化速率及对 FR-SAC 试样强度的作用不同，也导致了不同熟料中 Fe$_2$O$_3$ 的作用不同。上一节中，定义熟料中 Fe$_2$O$_3$ 和 Al$_2$O$_3$ 形成 C$_4$A$_{3-x}$F$_x$$\overline{S}$ 的质量分数为有效利用率。同理，根据 Fe$_2$O$_3$ 的分布，计算不同 CaSO$_4$ 设计量时 Fe$_2$O$_3$ 和 Al$_2$O$_3$ 的有效利用率，结果如图 3.20 所示。

从图 3.20（a）可以看出，FR-SAC 熟料中，大部分的 Fe$_2$O$_3$ 形成 C$_4$AF 和 C$_4$A$_{3-x}$F$_x$$\overline{S}$。而且随着熟料中 CaSO$_4$ 设计量的增加，形成 C$_4$AF 的 Fe$_2$O$_3$ 的含量明显减少，Fe$_2$O$_3$ 的有效利用率接近 80%；而熟料 S$_0$ 中 Fe$_2$O$_3$ 的有效利用率只有 32%。从熟料 S$_0$ 至 S$_{20}$，Fe$_2$O$_3$ 的有效利用率提高了 2.5 倍。当更多的 Fe$_2$O$_3$ 形成 C$_4$A$_{3-x}$F$_x$$\overline{S}$ 时，熟料中 C$_4$AF 的含量相应地减少。一部分 Al$_2$O$_3$ 没有与 Fe$_2$O$_3$ 反应生成 C$_4$AF，未与 Fe$_2$O$_3$ 反应的 Al$_2$O$_3$ 能够继

续与 CaO 和 CaSO$_4$ 反应生成 C$_4$A$_3\overline{S}$，从而导致 Al$_2$O$_3$ 有效利用率的变化。

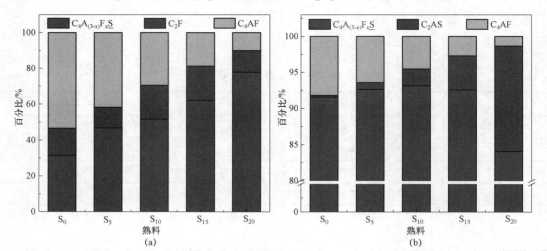

图 3.20 Fe$_2$O$_3$ 和 Al$_2$O$_3$ 在不同矿物中的分布

从图 3.20（b）中可以看出，在熟料 S$_0$ 中，Al$_2$O$_3$ 几乎全部生成 C$_4$AF 和 C$_4$A$_{3-x}$F$_x\overline{S}$。但是随着熟料中 CaSO$_4$ 设计量的增加，以 C$_4$AF 形式存在的 Al$_2$O$_3$ 的含量逐渐较少，而以 C$_2$AS 形式存在的 Al$_2$O$_3$ 的含量急剧增加，尤其是在熟料 S$_{20}$ 中，以 C$_2$AS 形式存在的 Al$_2$O$_3$ 达 15%。FR-SAC 熟料中，C$_2$AS 没有水化活性，C$_4$AF 可以促进熟料早期强度的增长，Al$_2$O$_3$ 分布的变化不利于 FR-SAC 性能的增强。在熟料 S$_0$～S$_{15}$ 中，以 C$_4$A$_{3-x}$F$_x\overline{S}$ 形式存在的 Al$_2$O$_3$ 的含量基本稳定，保持在 90%～95%。但是在熟料 S$_{20}$ 中，以 C$_2$AS 形式存在的 Al$_2$O$_3$ 的百分比急剧增大，以 C$_4$A$_{3-x}$F$_x\overline{S}$ 形式存在的 Al$_2$O$_3$ 的百分比降低至 85%。因此，当熟料中 CaSO$_4$ 设计量小于 15 wt.% 时，Al$_2$O$_3$ 的有效利用率变化不大，但以无水化活性的 C$_2$AS 存在的 Al$_2$O$_3$ 的含量逐渐增加；而当熟料中有 20 wt.% CaSO$_4$ 剩余量时，Al$_2$O$_3$ 的有效利用率降低。

烧制 FR-SAC 熟料时，当熟料中 CaSO$_4$ 的设计量增加时，Fe$_2$O$_3$ 的有效利用率增加，但是 Al$_2$O$_3$ 的有效利用率略有降低。因此，需控制原料中 CaSO$_4$ 的设计剩余量，从而提高 Fe$_2$O$_3$ 和 Al$_2$O$_3$ 的有效利用率。

3.4.4 不同矿物组成的熟料的性能研究

3.4.4.1 水化热

当 FR-SAC 熟料中 CaSO$_4$ 设计剩余量不同时，熟料的矿物组成复杂多变。通过研究不同矿物组成的熟料 3 天内的水化热变化，得到不同 CaSO₄ 设计剩余量对 FR-SAC 熟料早期水化反应的影响。在本研究中，不同熟料中均没有添加石膏，图 3.21 为熟料 S₀～S₂₀ 的水化热曲线。

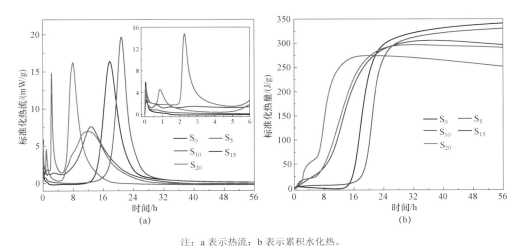

注：a 表示热流；b 表示累积水化热。

图 3.21　熟料 S₀～S₂₀ 的水化热曲线

从图中可以看出，不同 FR-SAC 熟料的水化热流曲线差异较大。首先，熟料 S₀～S₂₀ 中的第一个峰均为熟料与水混合产生的放热峰。除此之外，随后熟料 S₀ 和 S₅ 只有一个放热峰，而熟料 S₁₀～S₂₀ 中还存在两个明显的放热峰。根据上一章 FR-SAC 熟料的水化热分析可知，热流曲线中的第二个放热峰为熟料 S₁₀～S₂₀ 分别与水混合 4 h 内，$C_4A_{3-x}F_x\overline{S}$ 与熟料中剩余的 CaSO₄ 发生水化反应生成水化硫铝酸钙[161]所产生的。并且，随着熟料中 CaSO₄ 的含量的增加，$C_4A_{3-x}F_x\overline{S}$ 的水化反应速率加快。当 CaSO₄ 消耗完全之后，第三个峰是由于 $C_4A_{3-x}F_x\overline{S}$ 和 $C_4A_{3-x}F_x\overline{S}$ 分解产生的 SO₄²⁻快速水化反应而产生的。熟料 S₀ 和 S₅ 中，由于熟料中不存在 CaSO₄，因此只出现一个放热峰，此放热峰与 S₁₀～S₂₀ 中的第三个放热峰相同，是由于 $C_4A_{3-x}F_x\overline{S}$ 和 $C_4A_{3-x}F_x\overline{S}$ 分解产生的 SO₄²⁻水化反应而产生的[162]。FR-SAC 熟料早期的水化热主要来自 $C_4A_{3-x}F_x\overline{S}$ 和 C_4AF 的水化反应放热。在熟料 S₀～S₂₀ 中，$C_4A_{3-x}F_x\overline{S}$ 和 C_4AF 的质量分数之和逐渐减小。因此，在 48 h 内，熟料 S₀～S₂₀ 的累积水化热总量逐渐减少。

3.4.4.2　抗压强度

不同的 CaSO₄ 设计剩余量的原料产生不同矿物组成的熟料，矿物组成的差异也会影响 FR-SAC 制品的机械性能。图 3.22 为不同矿物组成的 FR-SAC 净浆试块的抗压强度。随着熟料中 CaSO₄ 的设计剩余量的增加，试块的 1 天抗压强度逐渐降低。熟料 S₀、S₅ 和

S_{10} 试块的 3 天和 28 天抗压强度几乎相同，而熟料 S_{15} 和 S_{20} 试块的 3 天和 28 天抗压强度则明显低于 S_0、S_5 和 S_{10} 试块的抗压强度。这是因为试块的早期抗压强度与 C_4AF 和 $C_4A_{3-x}F_x\overline{S}$ 的水化反应有关。在熟料 $S_0 \sim S_{20}$ 中，C_4AF 和 $C_4A_{3-x}F_x\overline{S}$ 的总量减少导致试块的抗压强度降低。此外，熟料 $S_0 \sim S_{10}$ 中 $C_4A_{3-x}F_x\overline{S}$ 的含量基本相同，相对应的试块的 3 天和 28 天抗压强度也相差不大。熟料 S_5 和 S_{10} 中 Al_2O_3 的含量明显低于熟料 S_0 中 Al_2O_3 的含量。但是，随着熟料中 $CaSO_4$ 的设计剩余量从 0 wt.% 增加至 10 wt.%，熟料中的 Al_2O_3 具有更高的有效利用率，这使得熟料 S_5 和 S_{10} 的净浆试块能够保持与熟料 S_0 相似的 3 天和 28 天抗压强度。

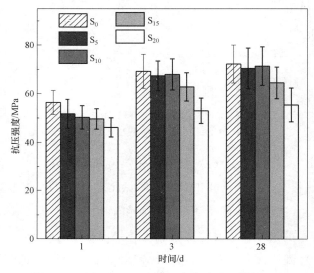

图 3.22　不同 FR-SAC 熟料净浆试块的抗压强度

不同 $CaSO_4$ 的设计剩余量能够明显影响熟料中含铁矿物的形成。尽管原料中更多 $CaSO_4$ 的设计剩余量能够提高 Fe_2O_3 的有效利用率，但由于 Fe_2O_3 的分布不同而引起的矿物差异并没有明显地促进 FR-SAC 的强度增强。胶凝材料中 $C_4A_{3-x}F_x\overline{S}$ 和 C_4AF 的总含量更能够影响 FR-SAC 的抗压强度。

3.5　CaO/CaSO$_4$ 对 FR-SAC 熟料中含铁矿物形成的影响机理研究

在烧制 FR-SAC 熟料时，原料中 CaO 和 $CaSO_4$ 的含量影响 Fe_2O_3 在 $C_4A_{3-x}F_x\overline{S}$ 和 C_4AF 中的分布。其中，$C_4A_{3-x}F_x\overline{S}$ 是 Fe_2O_3 在 $C_4A_3\overline{S}$ 的形成过程中熔融到 $C_4A_3\overline{S}$ 晶体或替代

$C_4A_3\overline{S}$ 中的 Al_2O_3 而形成的。为了探索 CaO/CaSO₄ 对 FR-SAC 熟料中含铁矿物的影响机理，首先从热力学角度研究 $C_4A_3\overline{S}$ 和 C_4AF 的形成反应。C_4AF 的形成反应如式 3-11 和式 3-12 所示，$C_4A_3\overline{S}$ 的形成反应如式 3-13～式 3-15 所示。

$$2CaO+Fe_2O_3 \xrightarrow{1\,000\sim1\,100\,℃} C_2F \qquad\qquad （式 3-11）$$

$$2CaO+C_2F+Al_2O_3 \xrightarrow{1\,150\sim1\,200\,℃} C_4AF \qquad\qquad （式 3-12）$$

$$3CaO+3Al_2O_3+CaSO_4 \xrightarrow{950\sim1\,000\,℃} C_4A_3\overline{S} \qquad\qquad （式 3-13）$$

$$2CaO+Al_2O_3+SiO_2 \xrightarrow{900\sim950\,℃} C_2AS \qquad\qquad （式 3-14）$$

$$3CaO+3C_2AS+CaSO_4 \xrightarrow{1\,050\sim1\,150\,℃} C_4A_3\overline{S}+3C_2S \qquad\qquad （式 3-15）$$

在热力学中，根据式 3-11 和式 3-12，C_4AF 的形成反应可描述为如式 3-16 所示。为了对比 C_4AF 的形成反应，根据式 3-13～式 3-15，$C_4A_3\overline{S}$ 的形成反应可描述为如式 3-17 或式 3-18 所示。当原料中 CaO 含量过多时，以 Al_2O_3 为基准，$C_4A_3\overline{S}$ 的形成反应描述为式 3-17；当 CaO 含量不足时，$C_4A_3\overline{S}$ 的形成反应以 CaO 为基准，可描述为式 3-18。

$$4CaO+Fe_2O_3+Al_2O_3 \xrightarrow{1100\sim1\,200\,℃} C_4AF \qquad\qquad （式 3-16）$$

$$CaO+Al_2O_3+1/3CaSO_4 \xrightarrow{950\sim1\,000\,℃} 1/3C_4A_3\overline{S} \qquad\qquad （式 3-17）$$

$$4CaO + 4Al_2O_3+4/3CaSO_4 \xrightarrow{950\sim1\,000\,℃} 4/3C_4A_3\overline{S} \qquad\qquad （式 3-18）$$

根据化学家提出的理论和经验公式，成分复杂的无机盐可看作多种氧化物的复合物[17,163,164]。它们在标准状态下的 Gibbs 自由能由各氧化物的 Gibbs 自由能与氧化物间的反应自由能之和组成。其中，各氧化物及常见化合物的 Gibbs 自由能可在热力学手册和热力学计算软件 FactSage 中查得。标准状态下反应的 Gibbs 自由能或焓可由反应物和生成物的 Gibbs 自由能或焓计算求得。根据 Gibbs-Helmholtz 方程，可得推导公式式 3-19～式 3-21，计算得到反应在不同温度的 Gibbs 自由能 ΔG_R^T [17,163,165]。其中，公式中涉及的反应物、$C_4A_3\overline{S}$ 和 C_4AF 的热力学参数见表 3.11。

$$\Delta G_R^T=\Delta H_0 - \Delta aT\ln T - 0.5\Delta bT^2 - 0.5\Delta cT^{-1}+IT \qquad\qquad （式 3-19）$$

其中，ΔH_0 为积分常数，

$$\Delta H_0=\Delta H_R^{298} - \Delta a\times298 - 0.5\Delta b\times(298)^2+\Delta c\times(298)^{-1} \qquad\qquad （式 3-20）$$

I 为另一个积分常数，

$$I=(\Delta G_R^{298} - \Delta H_0)(298)^{-1}+\Delta a\ln298+0.5\Delta b\times298+0.5\Delta c\times(298)^{-2} \qquad\qquad （式 3-21）$$

表 3.11　反应物和生成物的热力学参数

矿物	ΔH_f^{298} / (kJ $\cdot$ mol^{-1})	ΔG_f^{298} / (kJ $\cdot$ mol^{-1})	$\Delta c_p = \Delta a + \Delta bT + \Delta cT^{-2}$ /J $\cdot$ mol^{-1} $\cdot$ K^{-1}		
			a	$b \times 10^3$	$c \times 10^{-5}$
CaO	-635.09	-603.39	48.86	4.52	-6.53
Al$_2$O$_3$	$-1\,668.99$	$-1\,575.78$	114.71	12.80	-35.42
CaSO$_4$	$-1\,432.68$	$-1\,320.30$	70.21	98.74	0
Fe$_2$O$_3$	-825.79	-744.02	97.80	72.18	-12.89
C$_4$A$_3\overline{S}$	$-8\,393.19$	$-7\,929.54$	554.05	143.34	-113.40
C$_4$AF	$-5\,083.61$	$-4\,792.63$	461.43	51.19	-75.60

根据热力学参数求得的 ΔH、ΔS 和 ΔG 见表 3.12。

表 3.12　热力学计算求得的热力学数据

反应	ΔH_f^{298k} / (J $\cdot$ mol^{-1})	ΔG_f^{298k} / (J $\cdot$ mol^{-1})	Δa	Δb	Δc	ΔH_0 / (J $\cdot$ mol^{-1})	I
Eq.16	$-48\,470$	$-59\,270$	53.48	$-0.051\,87$	$-117\,000$	$-62\,496.53$	314.82
Eq.17	$-16\,090$	$-23\,910$	-2.29	$-0.002\,453$	$415\,000$	$-13\,906.03$	-44.28
Eq.18	$-64\,360$	$-95\,640$	-9.16	$-0.009\,813$	$1\,660\,000$	$-55\,624.10$	-177.12

图 3.23 为不同温度下 C$_4$A$_{3-x}$F$_x\overline{S}$ 和 C$_4$AF 形成反应的 Gibbs 自由能变化曲线。从图中可以看出，三个反应的 Gibbs 自由能均小于 0。这意味着 C$_4$AF 和 C$_4$A$_3\overline{S}$ 在 400～1 600 K 的温度范围内均能生成。Gibbs 自由能的值越负，反应越容易发生。当原料中 CaO 的总量不足或 CaSO$_4$ 含量较多时，在式 3-16 和式 3-18 的反应中，式 3-18 的反应 Gibbs 自由能比式 3-16 的反应 Gibbs 自由能负值大，C$_4$A$_3\overline{S}$ 更容易生成。此时，未反应的 Fe$_2$O$_3$ 掺入 C$_4$A$_3\overline{S}$ 中形成 C$_4$A$_{3-x}$F$_x\overline{S}$，导致 x 值的增加。当原料中的 CaO 过量，即 C_m 大于 1.00 时，原料中的 Al$_2$O$_3$ 含量不足，CaO 与 Al$_2$O$_3$ 完全反应后仍有剩余。在式 3-16 和式 3-17 的反应中，式 3-16 的反应 Gibbs 自由能比式 3-17 的反应 Gibbs 自由能负值大。这表明在 CaO 过量的情况下，C$_4$AF 比 C$_4$A$_3\overline{S}$ 更容易生成。因此，随着 FR-SAC 熟料中 CaO 含量的增加或 CaSO$_4$ 设计剩余量的减少，熟料中 C$_4$AF 的含量增加，C$_4$A$_{3-x}$F$_x\overline{S}$ 中 Fe$_2$O$_3$ 的掺入量降低，x 值减小。

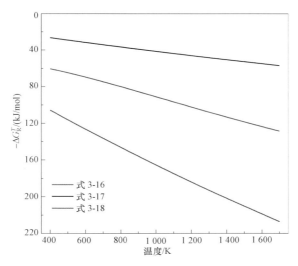

图 **3.23**　不同温度下反应的 **Gibbs** 自由能变化曲线（式 **3-16**～式 **3-18**）

3.6 本章小结

在本章，我们使用化学试剂作为原料，在 1 250 ℃下保温 30 min 烧制得到了 FR-SAC 熟料；通过分别控制原料中 CaO 和 CaSO₄ 的添加量，探究了 CaO 和 CaSO₄ 对熟料中含铁矿物形成的影响，并通过多种手段验证了这种影响结果；同时，从热力学角度解释了 CaO 和 CaSO₄ 对含铁矿物形成的影响机理。本章研究得到的主要结论有以下几点。

（1）原料中 CaO 的含量明显影响 FR-SAC 熟料中矿物的组成，尤其是含铁矿物的组成。随着以 $CaCO_3$ 或 Ca（OH）₂ 形式存在的 CaO 含量的减少，熟料中的 C₄AF 含量减少，$C_4A_{3-x}F_x\overline{S}$ 中掺入 Fe_2O_3 的含量增加。当原料中 C_m 的值为 0.90 且 C₄AF 的设计量为 20 wt.% 时，$C_4A_{3-x}F_x\overline{S}$ 中掺入 Fe_2O_3 的量可达 17.72 wt.%，x 值为 0.36。

（2）原料中 CaSO₄ 的含量也能够明显影响 FR-SAC 熟料中含铁矿物的组成。随着熟料中 CaSO₄ 的设计剩余量的增加，C₄AF 的含量明显降低，$C_4A_{3-x}F_x\overline{S}$ 的含量也会略有减少，但是 $C_4A_{3-x}F_x\overline{S}$ 中 Fe_2O_3 的掺加量明显增加。当 FR-SAC 原料中 CaSO₄ 的设计剩余量为 20 wt.%，C₄AF 也为 20 wt.% 时，$C_4A_{3-x}F_x\overline{S}$ 中 Fe_2O_3 的掺加量可达 16.18 wt.%，x 值为 0.33。

（3）煅烧 FR-SAC 熟料时，根据热力学数据分析，原料中 CaO 的含量影响 $C_4A_3\overline{S}$ 和 C₄AF 生成反应的 Gibbs 自由能负值。当 CaO 不足时，$C_4A_3\overline{S}$ 生成反应的 Gibbs 自由能比 C₄AF 生成反应的 Gibbs 自由能负值更大，$C_4A_3\overline{S}$ 更容易生成，更多未反应的 Fe_2O_3

固溶到 $C_4A_3\overline{S}$ 中，形成 $C_4A_{3-x}F_x\overline{S}$；当 CaO 过量时，$C_4AF$ 生成反应的 Gibbs 自由能比 $C_4A_3\overline{S}$ 生成反应的 Gibbs 自由能更负，C_4AF 更容易生成，$C_4A_{3-x}F_x\overline{S}$ 中 Fe_2O_3 的掺入量减少。

（4）制备 FR-SAC 熟料时，原料中 CaO 的含量和 $CaSO_4$ 的含量能够影响 FR-SAC 的水化性能和抗压强度。减小配料时的 C_m 值或增加熟料中 $CaSO_4$ 的剩余量能够减少 C_4AF 的形成，促进更多的 Fe_2O_3 掺入 $C_4A_{3-x}F_x\overline{S}$ 中。减小配料时的 C_m 值能够明显增加 FR-SAC 净浆试块的抗压强度，但增加熟料中 $CaSO_4$ 的剩余量时，FR-SAC 净浆试块的抗压强度明显降低。

（5）通过调控原料中 $CaO/CaSO_4$ 的含量，实现 FR-SAC 熟料中 $C_4A_{3-x}F_x\overline{S}$ 矿物的定向合成，使得更多的 Fe_2O_3 进入 $C_4A_{3-x}F_x\overline{S}$ 中，从而降低 Al_2O_3 的消耗量，提高 FR-SAC 的机械性能，使得铝含量较低的固废或低品位铝土矿作为原料制备 FR-SAC 成为可能。

第4章 固废基FR-SAC的性能调控机制研究

作为墙体保温材料，由于其良好的保温性能、较低的产品密度以及优异的防火性能，轻质混凝土越来越引起建筑行业的重视。固废基 FR-SAC 具有早强、快硬的特点。在其水化时，在常温下即可发生水化反应，不需要使用高温、高压或蒸气养护等特殊的养护条件。因此，使用固废基 FR-SAC 作为 NA-LWC 的胶凝材料，既能够提升固废的资源化利用，保证生产效率，又能避免特殊养护条件引起的高能耗。但是，使用 FR-SAC 作为 NA-LWC 的胶凝材料时，其较高的需水量、胶凝材料颗粒之间的团聚性及较低的净浆粘度会影响 NA-LWC 的生产过程和产品性能。在现代水泥和混凝土的生产与应用中，为了提高产品的质量、改进性能和节约原材料，外加剂是不可或缺的重要组分，在生产NA-LWC 的过程中也不例外。常用外加剂中，聚羧酸高效减水剂能够降低浆体的水灰比，纤维素醚能够增加浆体的稠度，硬脂酸钙和纤维素醚能够提高气泡的稳定性，硬脂酸钙或油酸钠等可以降低净浆 NA-LWC 的吸水率。

在本章，我们为了在使用固废基 FR-SAC 作为 NA-LWC 的胶凝材料时能够制备性能良好的 NA-LWC，将首先揭示聚羧酸高效减水剂（polycarboxylate superplasticizer ether，PCE）对固废基 FR-SAC 净浆的减水率、粘度、抗压强度及水化性能的影响规律，并从化学静电吸附角度阐明其影响机理；随后探究硬脂酸钙（calcium stearate，CS）、油酸钠（sodium oleate，SO）和甲基硅酸钠（sodium methyl silicate，SMS）三种疏水剂对 FR-SAC 净浆的水化活性、疏水性和机械性能的影响机制；最后研究羟丙基纤维素醚（hydroxypropyl methylcellulose，HPMC）对固废基 FR-SAC 净浆的水化性能和机械性能的影响规律，为使用 FR-SAC 制备 NA-LWC 的性能调控奠定基础。

4.1 试验原料及设备

4.1.1 试验原料

在本章研究中，我们使用固废制备得到的 FR-SAC 熟料作为原料，添加 10 wt.%的脱

硫石膏得到 FR-SAC。使用该胶凝材料作为轻质保温混凝土的胶凝材料。其中，FR-SAC
熟料与胶凝材料的主要理化性质见表 4.1 和图 4.1。

表 4.1　FR-SAC 熟料及胶凝材料的理化性质

氧化物	化学成分/wt.%		FR-SAC 水泥的物理性能	
	FR-SAC 熟料	FGD 石膏		
CaO	39.9	34.1	颗粒尺寸(D_{50})/μm	16.4
Al_2O_3	26.0	0.2	比重/(kg/m³)	2 942.2
SiO_2	7.6	0.3	3 天抗压强度/MPa	54.3
SO_3	13.5	49.1	3 天抗弯强度/MPa	8.2
Fe_2O_3	9.1	0.12	初始凝时间/min	38
LOI [a]	—	16.1	终凝时间/min	80

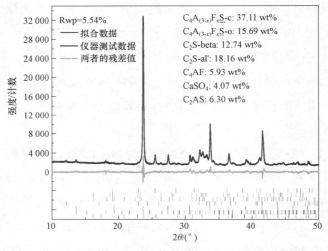

图 4.1　固废基 FR-SAC 熟料的 XRD 和 RQPA 曲线

除 FR-SAC 外，本章节使用的添加剂均为化学药品或商业试剂。其具体信息见表 4.2。
其中，聚羧酸高效减水剂和纤维素醚分别作为 FR-SAC 的减水剂和增稠剂，硬脂酸钙用
作表面活性剂和疏水剂，油酸钠和甲基硅酸钠用作疏水剂。

表 4.2　化学试剂

药品名称	状态	供应商
聚羧酸高效减水剂	白色晶体	山东华迪建筑科技有限公司
硬脂酸钙	白色粉末	上海麦克林生化科技有限公司
油酸钠	白色粉末	上海麦克林生化科技有限公司
甲基硅酸钠	白色粉末	国药集团化学试剂有限公司
羟丙基甲基纤维素	白色粉末	山东优索化工科技有限公司

4.1.2　试验设备

本章研究所使用的仪器和设备均见表 2.4。

4.2　试验方法

4.2.1　改性 FR-SAC 配制

首先，为了降低 FR-SAC 的需水量，提高 FR-SAC 制品的机械性能，将其与质量分数为 0‰、1‰、2‰、4‰和 8‰的 PCE 混合，并分别命名为 PCE-0、PCE-1、PCE-2、PCE-4和 PCE-8，探究不同含量减水剂对 FR-SAC 性能的影响规律。

其次，为了降低 FR-SAC 制品的吸水率，在添加了 1‰的 PCE 的 FR-SAC 中，分别添加 0‰、2‰、4‰、8‰和 1.2‰的 CS，并分别命名为 CS-0、CS-2、CS-4、CS-8 和 CS-12；相似的，将 0‰、2‰、4‰、8‰和 1.2‰的 SO 分别与 FR-SAC 混合，并命名为 SO-0、SO-2、SO-4、SO-8 和 SO-12；将 0‰、2‰、4‰、8‰和 1.2‰的 SMS 分别与 FR-SAC混合，并分别命名为 SMS-0、SMS-2、SMS-4、SMS-8 和 SMS-12，探究不同疏水剂对FR-SAC 性能的影响。

最后，为了提高 FR-SAC 的浆体稳定性，在添加了 2‰的 PCE 的 FR-SAC 中，添加0‰、0.5‰、1‰、2‰和 4‰的 HPMC，并分别命名为 HPMC-0、HPMC-0.5、HPMC-1、HPMC-2 和 HPMC-4，探究纤维素对 FR-SAC 性能的影响。

4.2.2　净浆试块的制备

在掺加外加剂的 FR-SAC 中，加入一定水灰比的水，搅拌均匀；将浆体倒入尺寸为 20 mm × 20 mm × 20 mm 的模具中，在 20±1 ℃、95%RH 的环境中静置 6 h；随后脱模，并将试块放置在温度为 20±1 ℃的水中浸泡养护至一定龄期（1 天、3 天和 28 天），取出试块。当测定试块的抗压强度时，将试块取出，并将表面的水擦拭干净后测量；当测定材料的接触角和吸水率时，将试块在不超过 60 ℃的温度下烘干至恒重。

4.2.3 宏观性能测试

4.2.3.1 凝结时间与流动度

根据国家标准 GB/T 1346—2011，使用维卡仪测试改性 FR-SAC 的凝结时间[125]。根据国家标准 GB/T 8077—2012，测定改性 FR-SAC 的流动度[166]。

4.2.3.2 吸水率

首先取上述烘干的净浆试块，称重并记为 m_g。在（20±5）℃下，将试块放置在水浴容器中，加水至试块高度的 1/3 处并保持 24 h；随后加水至试块高度的 2/3 处；24 h后，加水至水面超出试块 6 mm 处，并保持 24 h。然后取出试块，在 1 min 内，使用干抹布将试块表面的水擦拭干净。最后快速称取试块的重量并命名为 m。由式 4-1 可计算出试块的体积吸水率 w。

$$w = \frac{m - m_g}{\rho_w V_0}$$（式 4-1）

其中，w 代表试块的体积吸水率，ρ_w 代表水的密度，V_0 代表净浆试块的体积。

4.2.3.3 接触角

材料的吸水率与其亲疏水性息息相关，水滴在固体表面的接触角能够反映固体材料的亲疏水性。接触角小于 90°时，表示物体表面为亲水性的；接触角大于 90°时，表示物体表面为疏水性的，如图 4.2 所示。将上述烘干后的试块从中间切开并打磨至表面相对平滑。在室温下，使用静滴法和椭圆拟合法拟合得到水滴与试块表面的接触图像。通过切线法在液滴图像上自动测量水滴与试块在三相交界处的接触角。当水滴与试块表面接触 1 min 以后，液滴形状基本保持恒定，此时读取该接触角的角度并命名为水滴与试块的接触角。

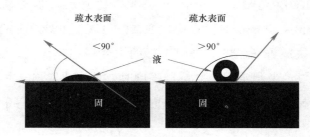

图 4.2　接触角示意图

4.2.3.4　流变性测试

向添加 1 wt.‰ PCE 的 FR-SAC 中分别添加 0～4 wt.‰的 HPMC，混合均匀后，以 0.3 的水灰比添加一定量的水至浆体中，搅拌 1 min 使浆体均匀。随后将浆体倒入搅拌罐中，恒温 25 ℃下，转子的剪切速率在 2 min 内从 0 增加至 100 s^{-1}，得到浆体在一定剪切速率下的剪切应力和表观粘度。

4.2.4　微观特性测试

4.2.4.1　XRD 测试

将终止水化的胶凝材料水化产物放在无水乙醇中研磨至 200 目以下，使用 Panalytical Aeris X 射线衍射仪检测得到样品的衍射图谱。其中，辐射金属靶为 CuKα（λ＝1.540 4 Å），光管电压为 40 kV，电流为 15 mA；熟料的扫描角度 2θ 为 8°～50°，扫描速度均为 1.2°/min。

4.2.4.2　分散性测试

将 0.2 g FR-SAC 添加到 20 mL 纯净水中，在 40 Hz 下超声振荡 5 min。随后将悬浊液滴在玻璃片上。为减少玻璃片上胶凝材料颗粒的团聚，在 5 min 内观察放大 20 倍和 100 倍时，液滴中胶凝材料颗粒的分布情况。

4.2.4.3　Zeta 电位测定

由于 FR-SAC 在常规水灰比下流动性较差，因此将 0.2 g 添加减水剂的 FR-SAC 与 20 mL 水混合，在 40 Hz 的频率下超声振荡 5 min，随后将其放进 Zeta 电位仪。30 min 内，每隔 5 min 读取一次样品的 Zeta 电位值。每个样品测试 5 次，取平均值得到不同样品在不同分散时间的 Zeta 电位值。

4.2.4.4　其他检测

涉及的其他检测方法见第 2.2 小节。

4.3 聚羧酸高效减水剂对 FR-SAC 的工作性能的调控研究

固废制备得到的 FR-SAC 的早强、快硬等特点可以提高 NA-LWC 的制备效率，确保 NA-LWC 中气泡结构的稳定性。在 NA-LWC 的制备过程中，为确保气泡均匀、稳定地生长，浆体需保持较高的流动度。尽管提高净浆的水灰比能够提高浆体的流动度，但过高的水灰比将导致浆体的机械性能快速降低。因此，需要添加减水剂来调节固废基 FR-SAC 净浆的工作性能。本小节研究了聚羧酸高效减水剂（PCE）对固废基 FR-SAC 净浆的工作性、水化等性能的影响，同时分析了 PCE 对固废基 FR-SAC 的作用机理。

4.3.1 宏观性能

4.3.1.1 流动度及减水率

往 FR-SAC 中添加不同量的 PCE，测试不同 PCE 的标准稠度用水量，计算得到其减水率结果如图 4.3（a）所示。FR-SAC 的净浆中未添加减水剂时，其标准稠度用水量为 0.29；随着 PCE 的添加量增加至 4 wt.‰，其标准稠度用水量降低至 0.18。相应地，0.5 wt.‰～4 wt.‰ PCE 的减水率从 17.3%增加至 37.9%。但是需要注意的是，添加 0.5 wt.‰和 1 wt.‰的 PCE 时，净浆的标准稠度用水量急速增加，减水率显著增加；而当 PCE 的添加量超过 1 wt.‰后，净浆的标准稠度用水量和 PCE 的减水率的变化逐渐趋于平缓。随后按照国家标准《混凝土外加剂匀质性试验方法》（GB/T 8077—2012），在 0.35 的水灰比下测定净浆的流动度。图 4.3（b）为添加不同 PCE 的 FR-SAC 的净浆流动度。从图中可以看出，随着 PCE 添加量的增加，浆体的流动度明显增大。当 PCE 从 0 增加至 1 wt.‰时，流动度从 130 mm 增加至 250 mm，几乎增加一倍；而当 PCE 的添加量大于 1 wt.‰时，继续增加 PCE 的添加量，净浆流动度的增加量则逐渐趋于平缓。当固定 PCE 的添加量为 1 wt.‰时，净浆的水灰比从 0.16 增加至 0.36，净浆的流动度从 170 mm 增加至 245 mm，并且增加的幅度逐渐趋于平缓。这是因为净浆中没有 PCE 存在时，FR-SAC 中的颗粒团聚而包覆一定量的水分，导致真实水灰比降低，需水量增加，流动度较小。当添加一定量的 PCE 之后，PCE 能够使胶凝材料的颗粒分散，减少胶凝材料对水分的包覆[167,168]。但是，当 PCE 的添加量趋近饱和浓度时，PCE 包覆在胶凝材料颗粒表面，多余的 PCE 不再具有分散作用，所以 PCE 的减水率及净浆的标准稠度用水量和流动度的变化趋于平缓。

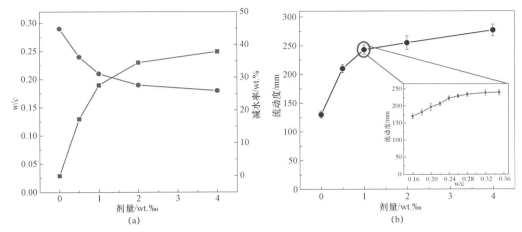

图 4.3 不同 PCE 添加量的 FR-SAC 的标准稠度用水量、减水率及流动度

4.3.1.2 抗压强度

图 4.4 为不同 PCE 添加量时，标准稠度用水量下，净浆试块的抗压强度。从图中可以看出，随着 PCE 添加量的增加，净浆试块在不同龄期的强度均明显增加，尤其是添加 0.5 wt.‰和 1 wt.‰的 PCE 时，净浆试块的抗压强度增加幅度较大；当 PCE 添加量大于 1 wt.‰之后，净浆试块的强度增加趋势逐渐放缓。净浆试块抗压强度的变化与 PCE 的减水率、添加 PCE 后净浆浆体的流动度变化正相关，与标准稠度用水量变化逆相关。

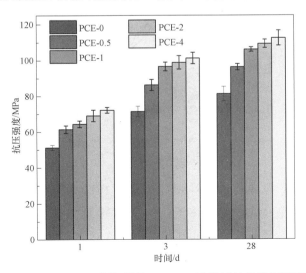

图 4.4 不同 PCE 添加量的 FR-SAC 净浆试块的抗压强度

4.3.2 水化性能

4.3.2.1 水化热

图 4.5 为添加不同 PCE 的 FR-SAC 的水化热示意图。从图中可以看出，无论是否添加 PCE 及添加 PCE 的含量大小，FR-SAC 的水化热曲线中均存在三个放热峰，且均在水化反应 24 h 后逐渐停止放热。但是，随着 PCE 的增加，$C_4A_{3-x}F_x\overline{S}$ 与二水石膏（放热峰②）以及 $C_4A_{3-x}F_x\overline{S}$ 与 $C_4A_{3-x}F_x\overline{S}$ 溶解产生的 SO_4^{2-} 的水化反应（放热峰③）的放热峰均逐渐向后偏移，放热峰的峰高逐渐降低。此外，不同样品在 24 h 内的总放热量差别不大，约为 250 J/g。随着 PCE 含量的增加，放热量稍微减少。这可能是因为部分 PCE 包覆在 FR-SAC 颗粒表面，减少了其与水的接触，使得总放热量略微减少。这与文献中对 PCE 对硫铝酸盐水泥水化影响的研究结果相一致[167]。

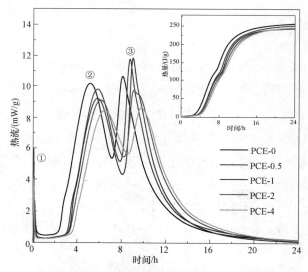

图 4.5 不同 PCE 添加量的 FR-SAC 的水化热

4.3.2.2 水化产物

图 4.6 为不同 PCE 添加量的 FR-SAC 水化产物的 XRD 和 TG 图。从图中可以看出，随着 PCE 添加量的增加，图 4.6（b）中的失重量略有增加，从 19 wt.% 逐渐增加至 23 wt.%；同时，从图 4.6（a）中可以看出，随着 PCE 的增加，剩余二水石膏的质量分数逐渐增加。因此，在 1 天水化时期内，FR-SAC 中 $C_4A_{3-x}F_x\overline{S}$ 与二水石膏的水化反应程度逐渐降低，这与胶凝材料的水化热曲线相一致。在 28 天水化养护后，通过图 4.6（c）

和图 4.6（d）能够看出，不同 PCE 添加量的 FR-SAC 水化产物的 XRD 曲线基本相同，在 600 ℃ 的失重量差值仅约为 1 wt.%，这表明 PCE 的添加量对 FR-SAC28 天的水化产物影响较小。

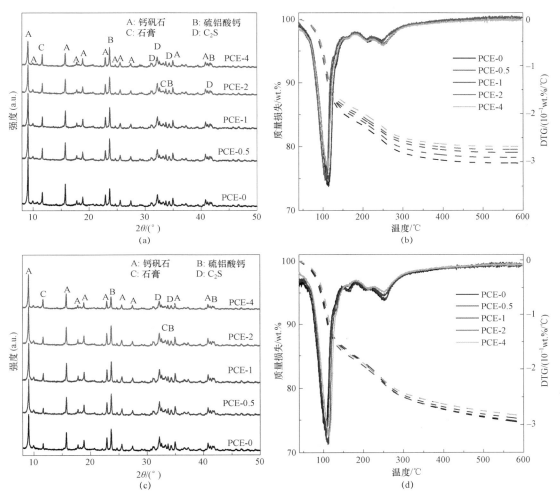

图 4.6　不同 PCE 添加量的 FR-SAC 水化产物的 XRD 和 TG 曲线

因此，当使用 PCE 作为 FR-SAC 的减水剂时，PCE 包覆在颗粒表面，从而减缓胶凝材料颗粒与水的接触和溶解速率，延缓 FR-SAC 的早期水化反应。但是，PCE 对 FR-SAC 的后期水化产物的形成影响不大。

4.3.3　PCE 对 FR-SAC 的影响机理研究

使用 PCE 作为 FR-SAC 的减水剂时，其不仅能够极大地降低胶凝材料的标准稠度用水量，而且不会影响胶凝材料的水化性能。许多研究学者[169-171]已经研究了 PCE 对普通硅酸盐水泥的作用机理，但是 PCE 对 FR-SAC 的作用机理尚不明确。因此，本小节探究了 PCE 对 FR-SAC 的作用机理。

使用光学显微镜观察添加不同含量 PCE 的 FR-SAC 在水中的分布情况，图 4.7 为其在 20 倍和 100 倍下的分布情况。从 20 倍图来看，水泥颗粒均匀地分布于水溶液中，且随着 PCE 含量的增加，颗粒的表观粒径逐渐减小。从 100 倍图中进一步观察可以看到，胶凝材料中未添加 PCE 时，胶凝材料颗粒之间发生严重的团聚现象，导致颗粒的表观粒径增加。随着 PCE 含量的增加，团聚现象逐渐减弱，胶凝材料的表观粒径逐渐减小。当 PCE 添加量增加至 2 wt.%～4 wt.%时，水泥颗粒主要以单个颗粒存在，还有少量的小颗粒粘附在大颗粒上。需要注意的是，当 2 wt.%和 4 wt.%的 PCE 添加到胶凝材料中时，胶凝材料颗粒在水中的分散效果不再有明显的变化。

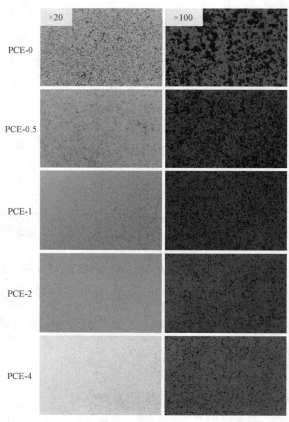

图 4.7　不同 PCE 添加量的 FR-SAC 的光学显微图

为了解胶凝材料颗粒在水中的分布原因，以水为分散介质，测得添加不同含量 PCE 的胶凝材料的 Zeta 电位，结果见表 4.3 和图 4.8。从表中可以看出，以水为分散介质时，FR-SAC 熟料的 Zeta 电位值为 5.43 mV；当添加一部分脱硫石膏形成 FR-SAC 时，其 Zeta 电位值减小为 4.78 mV，且两者的 Zeta 电位均为正电且带电量均为 5 mV 左右。这表明 FR-SAC 及其熟料均极易发生聚集。由于 PCE 带负电，当一定量的 PCE 掺加到胶凝材料中时，改性后的胶凝材料由带正电转变为带负电。而且随着 PCE 添加量的增加，改性胶凝材料的 Zeta 电位值越来越负，这表示增加 PCE 的添加量使得 FR-SAC 越来越稳定，颗粒之间聚集减少。这与图 4.7 中的胶凝材料颗粒分布图相一致。

表 4.3   不同材料在水溶液中的 Zeta 电位值

样品	FR-SAC 熟料	石膏	FR-SAC	PCE
Zeta 电位/mV	5.43	− 1.51	4.78	− 6.03

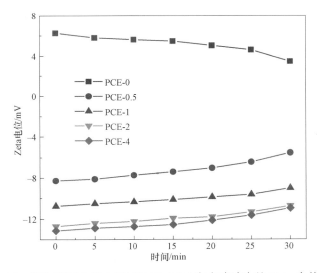

图 4.8   添加不同含量 PCE 的 FR-SAC 在水溶液中的 Zeta 电位值

此外，研究表明，在硅酸盐水泥中，C_3S 和 C_2S 带负电，C_3A 和 C_4AF 带正电。未添加减水剂时，带正电的 C_3A 和 C_4AF 颗粒与带负电的 C_3S 和 C_2S 发生静电吸附而团聚，使得部分水包覆在颗粒中而造成水灰比的增加。FR-SAC 的主要矿物为 $C_4A_{3-x}F_x\overline{S}$、$C_4AF$、$C_2S$ 及 $CaSO_4 \cdot 2H_2O$，水化的矿物主要有由钙矾石和单硫型钙矾石。其中，C_4AF、钙矾石和单硫型钙矾石的 Zeta 电位值为正，C_2S 和 $CaSO_4 \cdot 2H_2O$ 带负电[169,170,172]。图 4.9 为添加 PCE 前后 FR-SAC 浆体中的颗粒分布示意图。由于钙矾石与 C_4AF 带正电，而 C_2S 和 $CaSO_4 \cdot 2H_2O$ 带负电，在静电吸附作用下，带负电的 C_2S 和 $CaSO_4 \cdot 2H_2O$ 迅速吸附在钙矾石表面，形成聚集颗粒。同时，部分水分子被聚集的颗粒包覆，从而造成流动度减小，标准稠度用水量增加；当一定量的 PCE 添加至胶凝材料中时，由于 PCE 带负电，PCE 无法与带负电的 C_2S 和 $CaSO_4 \cdot 2H_2O$ 接近，而是迅速吸附在带正电的钙矾石和 C_4AF 表面。吸附 PCE 的钙矾石带负电，与 C_2S 和 $CaSO_4 \cdot 2H_2O$ 发生排斥作用，胶凝材料颗粒不再发生团聚，包覆在其中的水被释放出来。添加 PCE 使得 FR-SAC 的标准稠度用水量降低，颗粒之间的排斥作用也使得浆体的流动度增加。另外，PCE 在钙矾石颗粒表面的包覆作用会减缓水与 $C_4A_{3-x}F_x\overline{S}$ 的接触速率，使得早期水化速率略微降低，但不会影响水与 $C_4A_{3-x}F_x\overline{S}$ 的长期反应。

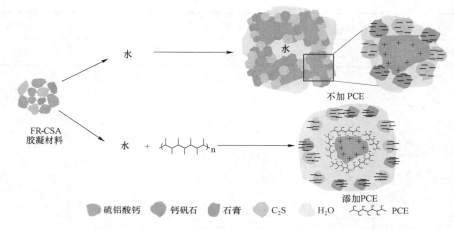

图 4.9　添加 PCE 前后 FR-SAC 浆体中的颗粒分布示意图

使用 PCE 作为 FR-SAC 的减水剂，带负电的 PCE 在钙矾石表面的吸附作用使得 FR-SAC 的标准稠度用水量降低，流动度增强，既能够保证浆体的流动度，也能够提高净浆的抗压强度；而且 PCE 不会阻碍 FR-SAC 的水化过程。因此，使用 PCE 作为减水剂能够实现 FR-SAC 的工作性能调控。

4.4　疏水剂对 FR-SAC 的疏水性能的调控研究

使用 FR-SAC 制备 NA-LWC 时，较高的吸水率是抑制 NA-LWC 大规模应用的主要因素之一。为了降低 NA-LWC 的吸水率，通过降低 FR-SAC 的吸水率，从而降低 NA-LWC 的吸水率。因此，本节通过添加不同种类和含量的疏水剂，实现对 FR-SAC 净浆试块疏水性能的调控；同时，探究了不同疏水剂对 FR-SAC 其他性能的影响。

4.4.1　疏水性和吸水率

当不同种类和含量的疏水剂与 FR-SAC 混合后，通过测试体积吸水率得到其净浆试块的吸水率，结果如图 4.10 所示。当使用 SMS 作为疏水剂掺加到 FR-SAC 后，随着 SMS 添加量的增加，试块的吸水率仅仅降低了 1%。因此，作为 FR-SAC 的疏水剂，SMS 几乎不具有疏水效果。

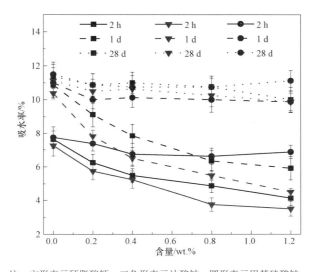

注：方形表示硬脂酸钙；三角形表示油酸钠；圆形表示甲基硅酸钠。

图 4.10　添加不同疏水剂时 FR-SAC 净浆试块的体积吸水率

当使用 CS 作为 FR-SAC 的疏水剂时，随着 CS 含量的增加，改性 FR-SAC 净浆试块在 2 h 时的吸水率降低了 45.9%，从 7.63% 降低至 4.13%。相似地，添加 SO 作为减水剂的净浆试块的吸水率降低了 51.7%。随着 CS 或 SO 的增加，净浆试块的 1 天吸水率同样降低。而且，添加 SO 的试块的吸水率的减少量大于添加 CS 的试块的吸水率的减少量。为了解释上述现象，进一步探究了 FR-SAC 净浆试块的疏水性。

水滴在 FR-SAC 表面的接触角反应了净浆试块的疏水性，较大的接触角意味着 FR-SAC 具有更好的疏水性。图 4.11 和图 4.12 为添加不同种类和含量的疏水剂时，水与 FR-SAC 净浆的接触角。如图 4.12（a）所示，在水与净浆试块表面接触后，水与添加不同 CS 含量的净浆试块之间的接触角在 10 s 内急剧减小。10 s 以后，接触角逐渐趋于稳定。因此，选取 60 s 时水与试块之间的接触角作为水与 FR-SAC 净浆试块的接触角。

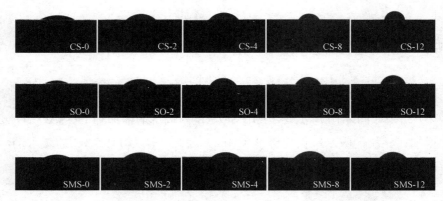

图 4.11　水与添加不同疏水剂时 FR-SAC 净浆试块的接触角示意图

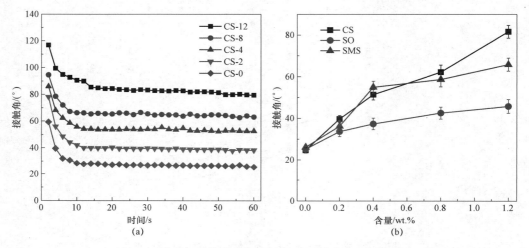

注：a 表示接触角随时间的变化；b 表示不同种类和含量的疏水剂。

图 4.12　水与添加不同疏水剂时 FR-SAC 净浆试块的接触角

由图 4.11 和图 4.12（b）可知，当水与不添加疏水剂的净浆试块接触后，水在 10 s 内迅速填充接触表面的毛细孔，10 s 后，毛细孔中水的流速减慢，从而形成相对稳定的接触角，约为 25°；当一定量的 SO 和 CS 添加到胶凝材料中后，无论哪种减水剂，随着添加量的增加，接触角均增大，最大可达到 82°。这意味着添加 SO 和 CS 能够增加 FR-SAC 净浆试块的疏水性，但接触角小于 90°，表明净浆试块表面仍然不是疏水的。另外，添加 CS 的 FR-SAC 净浆试块的疏水性强于添加 SO 的净浆试块的疏水性，但是其 1 天吸水率更大。这与 CS 和 SO 的溶解性相关，SO 在水中是可溶的，其能够均匀地分布在胶凝材料净浆试块中，而 CS 是不溶的，其在浆体中容易发生团聚。因此，添加 SO 的净浆试块的 1 天吸水率小于添加 CS 的净浆试块的 1 天吸水率。此外，无论疏水剂的种类和含量如何，FR-SAC 净浆试块的 28 天吸水率几乎是相同的。因此，根据改性 FR-SAC 净浆试块的吸水率，作为内掺疏水剂，SO 比 CS 更能降低 FR-SAC 净浆试块的吸水率。

当使用 SMS 作为 FR-SAC 的内掺疏水剂时，随着 SMS 的增加，接触角明显地增加。但是，与 SO 和 CS 相比，添加 SMS 的胶凝材料净浆试块的接触角明显更小。因此，添加 SMS 的 FR-SAC 净浆试块的 2 h 吸水率基本保持不变。

总之，CS 和 SO 可以作为 FR-SAC 的内掺疏水剂，它们能够提高净浆试块的疏水性并降低吸水率；而 SMS 对 FR-SAC 净浆的疏水性和吸水率影响较小。

4.4.2　水化性能

当添加疏水剂至 FR-SAC 熟料中时，它不仅能够改变 FR-SAC 净浆试块的吸水率，还可能影响 FR-SAC 的水化性能。FR-SAC 的水化反应方程式如式 2-9～式 2-12 所示。

4.4.2.1　水化热

FR-SAC 的水化反应是已知的，当 FR-SAC 中添加疏水剂后，它的水化性能可能发生改变。图 4.13 为添加不同含量 CS 的 FR-SAC 的水化热曲线。当 FR-SAC 混合后，非晶相快速溶解释放出热量，产生第一个放热峰。在一段没有放热的诱导期之后，胶凝材料中存在的大量的二水石膏与 $C_4A_{3-x}F_x\overline{S}$ 反应形成钙矾石，引起第二个放热峰。随着二水石膏的消耗，胶凝材料中的石膏含量逐渐减少，此时胶凝材料中的 $C_4A_{3-x}F_x\overline{S}$ 直接与水发生水化反应生成钙矾石[146]。当 FR-SAC 中添加一定量的 CS 时，放热峰②和③均轻微地降低，并向长时间方向移动。但是，无论添加多少量的 CS，胶凝材料的水化热流和累积放热量变化都不大。因此，CS 不会影响 FR-SAC 的早期水化反应。

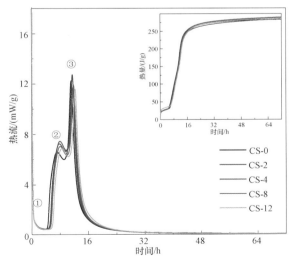

图 4.13　添加不同含量 CS 的 FR-SAC 的水化热曲线

当不同含量的 SO 或者 SMS 添加到 FR-SAC 中以后，水化反应变化较大。如图 4.14 所示，当 SO 的总量少于 8 wt.‰时，第二个和第三个反应峰之间仅存在很小的低谷，但是仍有两个明显的放热峰存在；而当 8 wt.‰和 12 wt.‰的 SO 加入 FR-SAC 中后，只能够观察到一个放热峰。而且，随着 SO 含量的增加，放热峰位置逐渐向更长时间处偏移，水化反应变慢，早期水化反应从 24 h 推迟至 48 h。由于 SO 是可溶的，其很容易在短时间内附着在水泥颗粒的表面，减缓水泥中 SO_4^{2-} 和 $C_4A_{3-x}F_x\bar{S}$ 的溶解速率，从而延缓了水化反应速率[173]。相似地，当 0 或 2 wt.‰的 SMS 添加至 FR-SAC 中时，在混合放热峰之后，水化热流曲线仍出现两个放热峰；添加了 4 wt.‰ SMS 的 FR-SAC 的水化热流曲线出现轻微的双峰；而添加 8 wt.‰和 12 wt.‰SMS 的改性胶凝材料的水化热流曲线中只有一个放热峰。随着 SMS 添加量的增加，FR-SAC 的水化反应逐渐变慢，早期水化反应终止时间约从混合后 24 h 推迟至 64 h。相同添加量时，添加 SMS 比添加 SO 的胶凝材料的水化反应更慢。这是因为 SMS 在水中反应形成聚合硅酸盐，阻塞或密封了浆体中的孔结构，减少了水在浆体中的渗透，从而延缓了 FR-SAC 的水化反应速率[174,175]。需要注意的是，尽管不同 SO 或 SMS 添加量的胶凝材料的早期水化速率不同，但它们在 72 h 的水化累积放热量几乎是相同的。

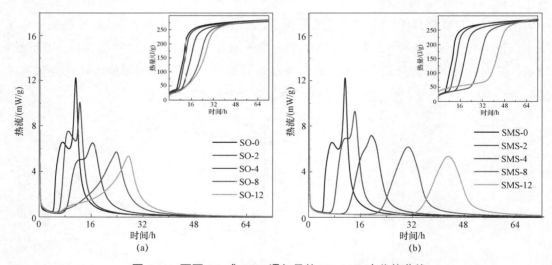

图 4.14 不同 SO 或 SMS 添加量的 FR-SAC 水化热曲线

总之，添加 CS 不会影响 FR-SAC 的水化反应，而添加 SO 和 SMS 使胶凝材料的水化反应变慢。而且，相同量的 SO 或 SMS 添加到 FR-SAC 中时，添加 SMS 的胶凝材料的水化反应速率更慢，但总的水化放热量保持不变。因此，添加疏水剂能够改变 FR-SAC 的水化反应速率，但不改变水化反应的程度。

4.4.2.2　水化产物

图 4.15～图 4.17 为当 FR-SAC 中添加疏水剂后，改性胶凝材料的 1 天和 28 天水化产物的 XRD 图和 TG 曲线。从 TG-DTG 图中可以看出，在 50～120 ℃的失重峰主要为钙矾石失水引起的失重峰；随后，温度为 130 ℃左右时，可以观察到微小的半水石膏的失重峰；在温度为 160 ℃左右时，单硫型钙矾石分解失水，产生微小的失重峰；最后，在温度为 220～300 ℃时，出现了第四个失重峰，为 $Al(OH)_3(gel)$ 失水的失重峰。除此之外，1 天水化产物的总失重量约为 20 wt.%，而 28 天水化产物的总失重量为 25 wt.%～30 wt.%。因此，FR-SAC 的水化产物主要是在 1 天内形成的。

从图 4.15（a）和图 4.15（b）可以看出，当不同含量的 CS 添加到 FR-SAC 中时，不同胶凝材料的 1 天水化产物种类相同，但是随着 CS 添加量的增加，1 天水化产物中二水

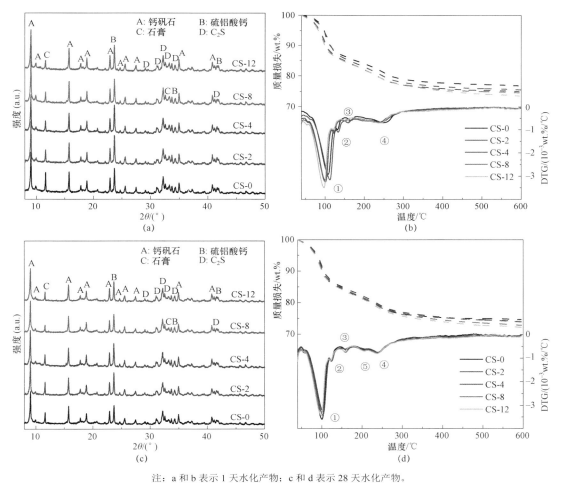

注：a 和 b 表示 1 天水化产物；c 和 d 表示 28 天水化产物。

图 4.15　添加 CS 的 FR-SAC 水化产物的 XRD 图和 TG 曲线

石膏的峰逐渐降低；在失重曲线中，1 天水化产物总的失重量略微增加，钙矾石的失重峰向低温方向偏移。而不同 CS 添加量的 FR-SAC 的 28 天水化产物没有发生明显的变化，如图 4.15（c）和图 4.15（d）所示。因此，添加一定量的 CS 不会阻碍 FR-SAC 的水化反应，无论是早期水化还是后期水化。

如图 4.16 所示，当使用 SO 作为 FR-SAC 的疏水剂时，改性胶凝材料水化产物的种类不变，但是 1 天水化产物的含量有明显差别。添加 12 wt.‰ SO 的胶凝材料的 1 天水化产物的失重量约为 10 wt.%，SO-0 胶凝材料失重量的一半。随着 SO 添加量的增加，水化产物的总量明显较少，尤其是钙矾石的含量明显减少。这与添加 SO 的胶凝材料水化热流和累积放热量的变化相一致。在水化 28 天以后，不同胶凝材料的水化产物的失重曲线几乎是相同的。因此，使用 SO 作为疏水剂，明显延缓 FR-SAC 的早期水化反应，但是对长期水化没有明显的影响。

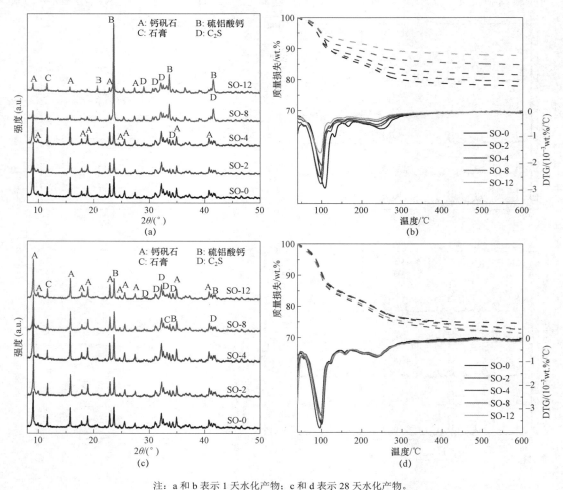

注：a 和 b 表示 1 天水化产物；c 和 d 表示 28 天水化产物。

图 4.16 添加 SO 的 FR-SAC 水化产物的 XRD 图和 TG 曲线

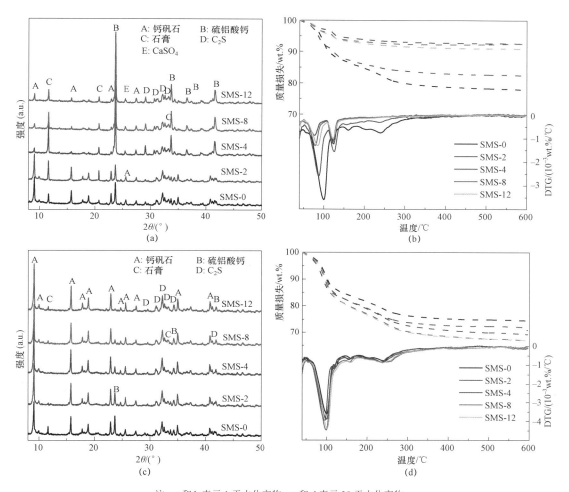

注：a 和 b 表示 1 天水化产物；c 和 d 表示 28 天水化产物。

图 4.17　添加 SMS 的 FR-SAC 水化产物的 XRD 图和 TG 曲线

根据水化热的变化，当 SMS 添加到 FR-SAC 时，会明显延缓 FR-SAC 的早期水化反应。从图 4.17（a）和图 4.17（b）可以看出，当 SMS 的添加量大于 4 wt.‰时，FR-SAC 的水化产物中只有少量的钙矾石生成。当钙矾石含量较少时，钙矾石的失重峰明显向低温偏移。而且，随着胶凝材料中 SMS 含量的增加，1 天水化产物的含量明显减少。如图 4.17（c）所示，除 SMS-0 外，二水石膏对应的峰几乎消失，这意味着在 28 天水化反应后，二水石膏几乎消耗完全。从相对应的失重曲线可以看出，随着 SMS 含量的增加，28 天水化产物的总量逐渐增加。因此，使用 SMS 作为疏水剂会延缓 FR-SAC 的早期水化反应，但是 SMS 能够促进 FR-SAC 的长期水化反应。

总之，综合水化热及水化产物数据可知，使用 CS 作为疏水剂时，CS 几乎不影响 FR-SAC 的水化反应。使用 SO 或 SMS 作为疏水剂时，两者均不会阻碍 FR-SAC 的后期水化反应，但是会延缓 FR-SAC 的早期水化反应。当使用改性 FR-SAC 作为 NA-LWC 的胶凝材料时，过慢的水化反应可能会影响浆体中气泡的稳定性。因此，根据改性 FR-SAC 的水化性能，在 NA-LWC 的制备过程中，CS 更适合作为 FR-SAC 的内掺疏水剂。

4.4.3　净浆宏观性能

4.4.3.1　凝结时间和流动度

图 4.18 为添加不同的疏水剂时，FR-SAC 净浆浆体的凝结时间和流动度。从图中可以看出，FR-SAC 净浆的基本初凝时间约为 30 min，终凝时间为 90 min。随着 CS 添加量的增加，FR-SAC 净浆的凝结时间缩短，且初凝和终凝之间的间隔也逐渐减小。在 0.35 的水灰比下，净浆浆体的流动扩展度为 275 mm 左右。随着 CS 添加量的增加，浆体的流动度降低。出现上述现象是因为 CS 具有疏水性且不溶于水，当 CS 添加到胶凝材料浆体中时，一部分 CS 粉末包覆在小液滴表面，使部分水不能够与胶凝材料混合，造成浆体中实际水灰比下降；而且不溶的 CS 颗粒在浆体中充当了粉末，同样会造成水灰比降低，因此凝结时间和流动度降低。当 SO 或 SMS 被用作 FR-SAC 的疏水剂时，FR-SAC 的水化速率降低，导致自由水消耗和钙矾石生成减缓。因此，FR-SAC 的初凝和终凝时间均增加。此外，SO 和 SMS 均溶于水，当与 FR-SAC 浆体混合后，水灰比保持不变，不影响 FR-SAC 浆体的流动度。

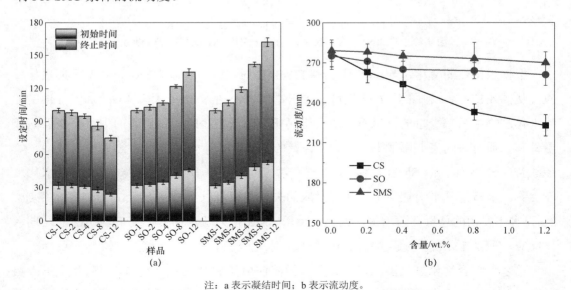

注：a 表示凝结时间；b 表示流动度。

图 4.18　添加不同疏水剂的 FR-SAC 的凝结时间和流动度

4.4.3.2　抗压强度

图 4.19 为当不同疏水剂添加到 FR-SAC 时，不同胶凝材料的净浆抗压强度。随着 CS 含量的增加，FR-SAC 净浆的抗压强度逐渐从 67.3 MPa 减小至 54.8 MPa。当 FR-SAC 中添加 1 wt.‰ 和 2 wt.‰ 的 CS 时，净浆试块的 28 天抗压强度保持不变。当 CS 含量大于 4 wt.‰ 并逐渐增加时，净浆试块的 28 天抗压强度逐渐减小。但是，不同 FR-SAC 的 1 天水化程度相同，而 28 天水化产物总量逐渐增加。净浆试块抗压强度的变化与胶凝材料水化产物的含量变化并不一致，这可能是因为 CS 具有一定的引气作用，增加了 FR-SAC 净浆浆体中的孔隙率[176]，使得净浆试块的抗压强度降低。

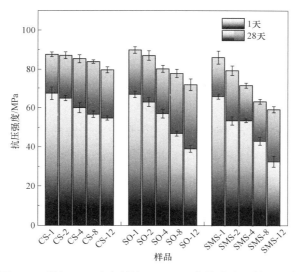

图 4.19　添加不同疏水剂的 FR-SAC 净浆试块的抗压强度

当使用 SO 或 SMS 作为疏水剂时，FR-SAC 净浆试块的 1 天抗压强度减小，这与其水化程度和水化产物的含量变化相一致。添加 SMS 或 SO 的 FR-SAC 的 28 天水化产物的总量几乎相同，但添加 SO 或 SMS 的 FR-SAC 净浆试块的 28 天抗压强度均明显降低，尤其是添加 SMS 的试块时。这表明抗压强度并不只是由胶凝材料的水化程度决定的。当 SO 作为疏水剂时，SO 与 Ca^{2+} 反应生成的油酸钙沉淀占据了浆体中的部分孔体积，但是 SO 在浆体中产生一定量的气泡，增加了净浆的孔隙率，这也导致添加 SO 的 FR-SAC 净浆试块的 28 天抗压强度降低[177]。同样的，当添加 SMS 作为疏水剂时，浆体中的孔隙率增加，而且 SMS 在水泥颗粒的表面生成疏水膜，导致颗粒之间的胶结作用降低，从而降低净浆试块的抗压强度。因此，三种疏水剂均使得 FR-SAC 净浆试块的抗压强度降低。

总之，使用 CS 作为内掺疏水剂时，不仅能够降低净浆试块的吸水率，而且不影响胶凝材料的水化反应。与 SO 和 SMS 相比，添加 CS 的 FR-SAC 净浆试块的抗压强度降低量较小，并且其对凝结时间和流动度的影响更有益于 NA-LWC 的制备。

4.5 羟丙基甲基纤维素对 FR-SAC 的净浆粘度的调控研究

制备 NA-LWC 时，浆体的流动度和粘度将会影响 NA-LWC 中气泡的形成过程。理想状态下，浆体在搅拌时保持较高的流动度，产气过程中，浆体需保持良好的粘度来避免气体的溢出。当使用 PCE 作为 FR-SAC 净浆的减水剂，CS 作为疏水剂和稳泡剂时，可使浆体具有良好的分散性和流动度，但其浆体的粘稠性不足，使得大量的气体从浆体中逸出。羟丙基甲基纤维素（HPMC）是一种具有醚结构的高分子化合物，其分子链之间形成的网状结构使得其水溶液具有良好的粘性。HPMC 常被用来作为硅酸盐水泥砂浆或混凝土新拌材料施工的添加剂，以增强浆体之间的粘结性。但是，研究表明，HPMC 和 PCE 联合使用时，HPMC 会对水泥颗粒的分散产生一定的副作用[178]。因此，将 HPMC 与 PCE 应用于 FR-SAC 时，HPMC 的作用效果仍需进一步探究。本小节使用 HPMC 作为 FR-SAC 的添加剂，调控净浆的粘度和流动度等性能，探究不同 HPMC 添加量对 FR-SAC 性能的影响。

4.5.1 水化性能

HPMC 是一种非离子型聚合物，其长链中的羟基（—OH）易与水结合产生氢键，使其具有很高的水合作用活性并与水发生反应[179]。而且，一些研究表明，HPMC 能够延缓硅酸盐水泥的水化速率[180,181]。因此，需探究 HPMC 对 FR-SAC 水化热的影响。图 4.20 为不同 HPMC 添加量时 FR-SAC 的水化热曲线。从图中可以看出，随着 HPMC 添加量的增加，胶凝材料的水化放热峰逐渐向后推迟，尤其是样品 HPMC-2 和样品 HPMC-4。尽管添加 HPMC 使得放热峰向后推迟，但在胶凝材料与水混合 24 h 后，不同样品的总放热量基本保持在 255～260 J/g。因此，在水化 24 h 内，添加 HPMC 轻微地延缓了 FR-SAC 的水化速率，但对其 1 天内的水化放热总量影响不大。

图 4.21 为添加不同含量 HPMC 的 FR-SAC 在 1 天和 28 天水化产物的 XRD 图。从图中可以看出，在 1 天的水化后，胶凝材料中仍有部分 $CaSO_4 \cdot 2H_2O$ 剩余；不同样

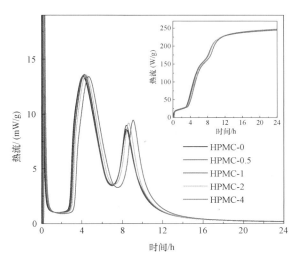

图 4.20　添加不同含量 HPMC 的 FR-SAC 的水化热曲线

品中，胶凝材料的水化产物种类及不同矿物的峰高比基本保持不变，这与 24 h 内水化放热总量的变化相符。28 天水化后，净浆材料中的 $CaSO_4 \cdot 2H_2O$ 完全被消耗；与 1 天水化产物相同的是，不同样品的水化产物种类及不同矿物的峰高比仍保持一致。这表明，不同 HPMC 添加量对 FR-SAC 的 28 天水化产物的形成影响不大。总之，HPMC 能够轻微延缓 FR-SAC 早期的水化速率，但不会影响长期水化后水化产物的形成。

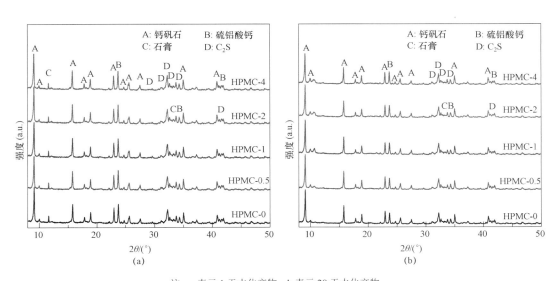

注：a 表示 1 天水化产物；b 表示 28 天水化产物。

图 4.21　添加不同含量 HPMC 的 FR-SAC 水化产物的 XRD 图

4.5.2 宏观性能

4.5.2.1 流动度和粘度

HPMC 溶液具有较高的粘性，向 FR-SAC 中添加 HPMC，可改变胶凝材料净浆浆体的粘度，也会影响浆体的流动度。图 4.22 为不同 HPMC 添加量的浆体的流动度示意图及变化曲线。从图中可以看出，当无 HPMC 添加且水灰比为 0.35 时，浆体的流动度约为 275 mm。当添加一定量的 HPMC 时，随着 HPMC 添加量的增加，浆体稠度迅速增加，流动度降低。当 HPMC 的添加量为 4 wt.‰时，浆体的直径仅比截锥圆模的直径长 20 mm，浆体几乎不具有流动度。

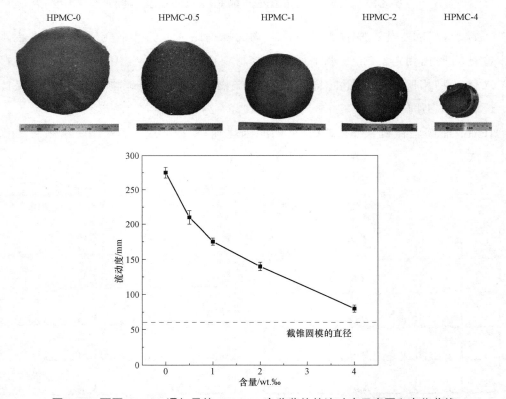

图 4.22　不同 HPMC 添加量的 FR-SAC 净浆浆体的流动度示意图和变化曲线

在流变学中，纯液体、小分子稀溶液等流体均为非牛顿流体。而对于水泥浆体，根据剪切应力与剪切速率的关系，研究普遍将其近似为塑性流体（又称 Bingham 流体）计算。其特点是剪切应力需超过某一临界值 τ_0 后，系统才能开始流动，而且流体的粘度不再是定值。其描述公式如式 4-2 所示。

$$\tau = \tau_0 + \eta \cdot D \qquad\qquad （式 4\text{-}2）$$

其中，η 代表塑性粘度；D 代表剪切速率；τ 代表一定剪切速率下对应的剪切应力。除塑性粘度 η 之外，研究中常用表观粘度 η_a 来表示水泥浆体的粘度，图 4.23 为两者的计算示意图。

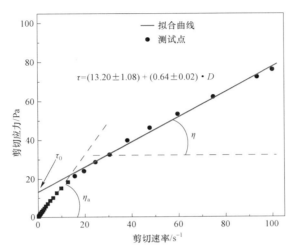

图 4.23　Bingham 模型拟合 HPMC-0 净浆浆体得到流变参数示意图

图 4.24 为不同 HPMC 添加量时净浆浆体的表观粘度和剪切应力。从图中可以看出，随着 HPMC 添加量的增加，浆体的粘度明显增加，这与浆体的流动度变化趋势相吻合。随着剪切速率的增大，浆体的表观粘度逐渐减小。而且，当剪切速率小于 20 s^{-1} 时，浆体的粘度迅速变小；当剪切速率大于 20 s^{-1} 时，浆体的表观粘度变化逐渐趋于平缓。结合 Bingham 模型，图 4.23 中计算出了未添加 HPMC 的 FR-SAC 净浆浆体的流变性参数，结果见表 4.4。同样的，其他浆体的流变性参数也由式 4-2 拟合得到并见表 4.4。从表中可以看出，随着 FR-SAC 中 HPMC 含量的增加，浆体的应力 τ_0 和 η 均逐渐增大，这些都表明添加 HPMC 使浆体的粘稠度急剧增加。HPMC 为非离子型聚合物，其粘度增加的机理为 HPMC 长链中的羟基（—OH）易与水结合产生氢键，使其具有很高的水合作用活性并与水发生反应；HPMC 的长链发生分子缠绕，从而增加粘度。而 FR-SAC 净浆浆体中，$C_4A_{3-x}F_x\bar{S}$ 水化之后生成的针状或柱状钙矾石形成相互交错的网状结构。掺加 HPMC 的 FR-SAC 与水混合后，同时产生两种网状结构，相互交错在一起，从而导致浆体的粘度显著增加。在剪切速率较小时，两种网状结构均处于无序状态，粘度较高；当剪切速率增大时，网状结构趋于流动方向平行排列，易于相互滑动，从而使浆体的粘度降低，产生剪切变稀现象。

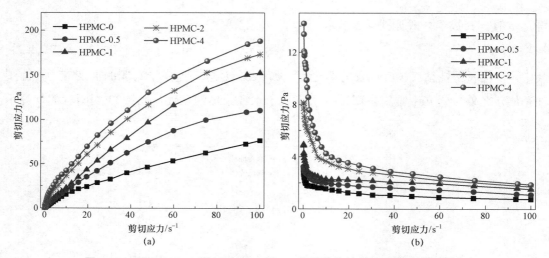

图 4.24　不同 HPMC 添加量的 FR-SAC 净浆浆体的剪切应力和表观粘度

表 4.4　Bingham 模型对不同净浆拟合得到的流变学参数

	HPMC-0	HPMC-0.5	HPMC-1	HPMC-2	HPMC-4
τ_0	13.20±1.08	20.69±3.99	21.27±4.66	38.63±4.92	46.16±5.57
η	0.64±0.02	0.98±0.07	1.41±0.08	1.44±0.08	1.52±0.09
$R2$	0.993 4	0.962 0	0.975 0	0.973 3	0.969 6

4.5.2.2　抗压强度

图 4.25 为不同 HPMC 添加量的 FR-SAC 净浆试块在不同龄期的抗压强度。从图中可以看出，随着 HPMC 添加量的增加，同一龄期净浆试块的抗压强度显著降低。与未添加 HPMC 的净浆试块相比，添加 0.5 wt.‰ HPMC 的净浆试块的抗压强度大幅下降；随着 HPMC 添加量的增加，净浆试块的抗压强度持续降低。当 HPMC 的添加量为 4 wt.‰时，其 28 天净浆抗压强度甚至低于未添加 HPMC 时 FR-SAC 净浆试块的 3 天抗压强度。在 FR-SAC 净浆中，HPMC 作为一类非电解质型聚合物，其不会影响胶凝材料颗粒的分散作用，而是增加浆体的粘稠度。在浆体搅拌的过程中，较高的粘度使得浆体中混入空气，导致净浆试块中产生大量的气泡，从而使得净浆试块的抗压强度降低。另外，一些研究表明，净浆中的部分胶凝材料颗粒被 HPMC 包覆，造成净浆中的水化产物分布不均匀，晶体生产完整性降低，从而使得净浆试块的抗压强度降低。

HPMC 显著地影响了 FR-SAC 净浆的流动度和粘度。添加 4 wt.%的 HPMC 使净浆浆体的流动度从 275 mm 降低至 180 mm，塑性粘度从 0.64±0.02 Pa·s 增加至 1.52±0.09 Pa·s。但是，添加 HPMC 会降低 FR-SAC 净浆试块的抗压强度。因此，通过 HPMC

调控 FR-SAC 浆体的流动度与粘度时，需结合生产工艺和抗压强度要求，使其流变参数与抗压强度均保持最佳状态。

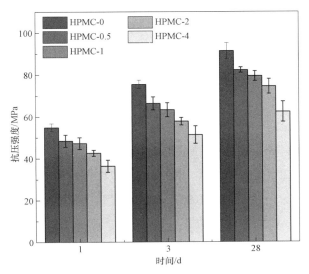

图 4.25　不同 HPMC 添加量的 FR-SAC 净浆在不同龄期的抗压强度

4.6　本章小结

在本章，我们使用不同的外加剂，调控 FR-SAC 净浆的流变性和机械性能，探究了 PCE 对 FR-SAC 净浆浆体流动度等宏观性能的调控机制、疏水剂（CS、SO 和 SMS）对净浆试块吸水率等性能的调控机制及 HPMC 对净浆浆体粘度等性能的调控机制。同时，通过分析添加了不同外加剂后胶凝材料的水化热和水化产物，探究了 PCE、CS、SO、SMS 和 HPMC 对 FR-SAC 的水化性能的影响规律。本章研究得到的主要结论有以下几点。

（1）PCE 在水溶液中带负电，由于静电引力的作用，PCE 吸附在浆体中带正电的钙矾石表面，使所有胶凝材料颗粒带负电或不带电，减少颗粒间的团聚现象，使胶凝材料颗粒均匀地分散在浆体中，从而实现 FR-SAC 浆体的用水量、流变性等性能的调控。

使用 PCE 作为 FR-SAC 的减水剂时，随着 PCE 添加量的增加，胶凝材料净浆的标准稠度用水量逐渐减少；当减水剂用量为 1 wt.‰时，FR-SAC 的标准稠度用水量降低 27%；进一步增加减水剂，减水率变化趋于平缓。往 FR-SAC 中添加 PCE 时，净浆试块在标准稠度用水量下的抗压强度显著增加。而且，PCE 仅略微延缓 FR-SAC 的早期水化速率，不会影响后期水化产物的形成。

（2）使用 CS、SO 和 SMS 调控 FR-SAC 净浆的吸水率时，它们均能够显著地影响

FR-SAC 的性能。其中，添加 CS 的 FR-SAC 净浆展现出良好的疏水性和较低的早期吸水率，但对长期吸水率影响不大；CS 不影响 FR-SAC 的水化产物的形成。添加 SO 的 FR-SAC 净浆比添加 CS 或 SMS 的净浆展现出更好的疏水性和更低的吸水率，但 SO 和 SMS 均会延缓 FR-SAC 的早期水化反应，导致凝结时间延长，不利于 NA-LWC 生产过程中对凝结时间的要求。添加 SMS 作为 FR-SAC 的疏水剂时，其降低净浆吸水率的作用较差，而且降低净浆抗压强度并延长凝结时间。因此，与 SO 和 SMS 相比，CS 作为疏水剂更能够实现 FR-SAC 的性能调控。

（3）使用 HPMC 作为 FR-SAC 的增稠剂时，其对浆体的水化速率和水化产物产生的影响较小。HPMC 能够显著地影响净浆的流动度和粘度。添加 1 wt.‰的 HPMC 时，净浆浆体的流动度从 275 mm 降低至 180 mm，塑性粘度从（0.64±0.02）Pa·s 增加至（1.41±0.08）Pa·s。但是，添加 HPMC 会降低 FR-SAC 净浆试块的抗压强度。因此，通过 HPMC 调控 FR-SAC 浆体的流动度与粘度时，需结合生产工艺和抗压强度要求，使其流变参数与抗压强度均保持最佳状态。

第 5 章　固废基 FR-SAC 制备 NA-LWC 试验研究

FR-SAC 具有早强、快硬的特点，其在常温下即可与水发生水化反应，而不需要高温、高压或蒸气养护等特殊的养护条件。因此，使用固废基 FR-SAC 制备免蒸压轻质混凝土，既能够提升固废的资源化利用，保证生产效率，又能避免特殊养护条件引起的高能耗。但是，仅仅使用 FR-SAC 作为原料时，其成本较高，不宜大规模生产。脱硫石膏的主要成分是 $CaSO_4 \cdot 2H_2O$，其能与 FR-SAC 熟料中的 $C_4A_{3-x}F_x\overline{S}$ 发生水化反应生成水硬性的钙矾石；同时，$CaSO_4 \cdot 2H_2O$ 热分解失去 1.5 个 H_2O 后形成的 $CaSO_4 \cdot 0.5H_2O$ 与水混合后产生一定的机械强度。因此，使用热处理后的脱硫石膏与 FR-SAC 混合制备 NA-LWC 时，既能够利用脱硫石膏中 $CaSO_4 \cdot 2H_2O$ 与 FR-SAC 的水化反应作用，也能够发挥热处理后 $CaSO_4 \cdot 0.5H_2O$ 自身产生强度的优势，实现高性能固废基 NA-LWC 的制备与生产。尽管如此，但是由于热处理后脱硫石膏的强度较低，FR-SAC 的价格贵、能耗高，因此原料中 FR-SAC 和脱硫石膏的比例将会极大地影响 NA-LWC 的性能与生产成本。另外，外加剂的种类和掺量、产气剂的性能和 NA-LWC 的制备工艺参数均能够影响 NA-LWC 制备时浆体的流变参数、气孔的结构和机械性能等。

在本章，我们将首先揭示煅烧温度和时间对脱硫石膏性能的影响规律，得到最合适的脱硫石膏胶凝材料；其次探究制备 NA-LWC 时双氧水的分解规律，得到合适的分解条件；最后探究得到胶凝材料配比、H_2O_2 含量、水灰比和外加剂等参数对 NA-LWC 的性能的影响机制。

5.1　试验原料及设备

5.1.1　试验原料

在本章研究中，我们以脱硫石膏和 FR-SAC 为胶凝材料、双氧水为发气剂、PCE 为减水剂、CS 为疏水剂和稳泡剂、HPMC 为增稠剂制备 NA-LWC。其中，脱硫石膏的来源及理化性质如第 2 章 2.1 节所示，FR-SAC 及外加剂的来源与理化性质如第 4 章 4.1 节所示。双氧水中过氧化氢的质量分数为 30 wt.%。

5.1.2 试验设备

本研究用到的实验仪器及设备见表 2.4。

5.2 试验方法

5.2.1 双氧水的分解特性分析

采用排水法测定双氧水的产气速率和产气量，如图 5.1 所示。首先，称取 50 g FR-SAC，一定温度下，将其与一定量（50 mL、100 mL 或 200 mL）的水搅拌混合；其次将管路中充满水后关闭止水夹；最后将一定量的双氧水加入持续搅拌的胶凝材料浑浊液后立刻塞紧瓶塞，打开止水夹并开始计时，观察并记录量筒中的水量变化。

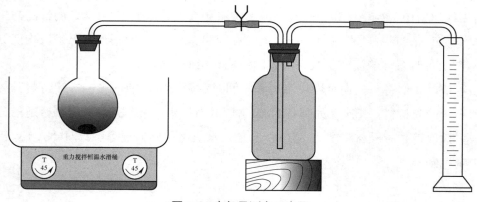

图 5.1 产气量测定示意图

5.2.2 NA-LWC 的制备

根据配比设计，称取一定量的热处理的脱硫石膏、固废基 FR-SAC 及不同外加剂，将其粉料混合均匀；称取一定比例的自来水，将其倒入搅拌罐中，随后将混合粉料加入搅拌罐，在一定搅拌速率下搅拌一段时间；量取一定量的双氧水，倒入搅拌浆体中，继续高速搅拌 30 s；将搅拌罐快速取下并将浆体倒入 70 mm×70 mm×70 mm 或 100 mm×100 mm×100 mm 的模具中，将模具静置，待其发泡完成；将发泡完成的 NA-LWC 的顶部切除，得到 70 mm×70 mm×70 mm 或 100 mm×100 mm×100 mm 试块，将其置于（20±2）℃、95%湿度环境中养护 28 天，得到 NA-LWC 试块。

5.2.3　宏观性能测试

5.2.3.1　抗压强度

取三块不同配比或工艺的 NA-LWC 试块，将其在 40±2 ℃下干燥 24 h 直至重量不再变化，计算得到试块的干密度。随后使用压力试验机，以 0.5±0.1 kN/s 的加载速度测定试块的抗压强度。

5.2.3.2　体积吸水率

将 NA-LWC 试块在 40±2 ℃下烘干至恒重，称量得到其质量为 m_g；将该试块置于温度为 20±5 ℃的水中，加水至试块高度的 1/3 处并保持 24 h；继续添加水至试块高度的 2/3 处；24 h 后，加水至高出试块高度 30 mm 并保持 24 h；将试块取出并在 1 min 内用干抹布擦拭两次试块的所有表面；称量试块的重量并命名为 m。由此，NA-LWC 试块的体积吸水率 w 可由式 5-1 计算得出。

$$w = \frac{m - m_g}{\rho_w V_0}$$ （式 5-1）

其中，w 代表 NA-LWC 试块的体积吸水率；ρ_w 代表水的密度；V_0 代表 NA-LWC 试块的体积。

5.2.3.3　导热系数

根据国家标准《绝热材料稳态热阻及有关特性的测定　防护热板法》（GB/T 10294—2008）[182]，使用双平板导热系数测定仪测定 NA-LWC 的导热系数。将正方形板样品（300 mm×300 mm×20 mm）放置在仪器的两块板之间，其中冷板和热板的温度分别为 20 ℃和 30 ℃。仪表达到平衡条件后，读取平板的导热系数。

5.2.3.4　其他测试

涉及的其他测试见第 2.2 节和第 4.2 节。

5.2.4 微观特性测试

5.2.4.1 脱硫石膏形态分析

根据国家标准《建筑石膏相组成分析方法》（GB/T 36141—2018）[183]分析脱硫石膏中的 $CaSO_4 \cdot 2H_2O$、$CaSO_4 \cdot 0.5H_2O$ 和 $CaSO_4$ 的质量百分数。

5.2.4.2 孔径分布测试

首先将 NA-LWC 试块从中部横切或竖切，得到试块截面；随后将切面置于黑色墨汁中，使切面完全由墨汁染成黑色；将上色的试块烘干，用白色粉末均匀覆盖于染色切面上，清扫、打磨，得到孔壁为黑色、孔内为白色的试块切面；最后将切面置于光学显微镜下观察，得到孔洞分布的图片，如图 5.2（a）所示。

图 5.2 为使用 Image Pro 软件进行孔径分布分析的流程示意图。首先调整图片中孔壁与孔的对比度，得到对比度更加明显的孔径分布图；随后根据像素，将图片中的孔与孔壁分割处理；然后建立标尺，分析计算切面的孔径分布。从图 5.2（c）中可以看出，部分气孔之间的孔壁无法识别，所以对于部分无法识别的孔壁，需手动添加孔壁。

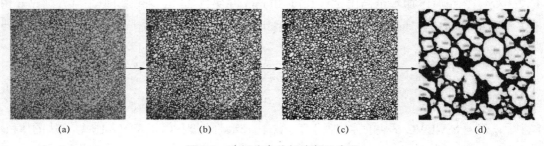

(a)　　　　　　(b)　　　　　　(c)　　　　　　(d)

图 5.2　孔径分布分析流程示意图

5.3　脱硫石膏理化特性及机械性能的影响研究

5.3.1　矿物组成

脱硫石膏的主要矿物成分为 $CaSO_4 \cdot 2H_2O$，其晶体结构主要有片状、柱状、六角板状等不同形态。石膏的胶凝性是由 $CaSO_4 \cdot 0.5H_2O$ 或 $CaSO_4$ 与水反应生成结晶网络状结

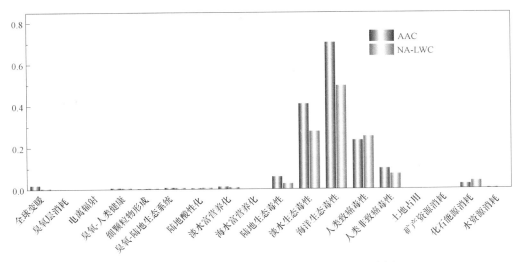

第6章　工业固废制备 NA-LWC 中试工艺探究

在上述研究中，我们首先使用工业固废作为原料制备得到了 FR-SAC，随后使用 FR-SAC 与脱硫石膏混合制备得到了免蒸压轻质混凝土。通过该技术路线，已经在实验室研究中实现了工业固废制备免蒸压轻质混凝土。但是，实验室制备 NA-LWC 时，由于 NA-LWC 试块体积较小，在气孔的形成过程中，浆体与模具壁面之间接触的比表面积较大，壁面摩擦力较大；而且，实验室制备得到的试块与工业产品试块的高度差较大，当模具的高度较高时，高度效应区别明显，造成浆体底部与顶部气孔分布不均匀；此外，工业上制备 NA-LWC 时，由于浆体体积较大，FR-SAC 水泥水化释放的水化热量较大，从而影响浆体中胶凝材料的水化反应。总之，工业生产 NA-LWC 时，其工艺参数与实验室制备 NA-LWC 过程中的实验参数存在一定的差异。

在本章，我们将以实验室研究结果为基础，完成工业固废制备免蒸压轻质混凝土中试线设计及中试研究。通过中试研究，了解实验室研究与工业生产之间的差异性，获得工业上使用工业固废制备 NA-LWC 的最佳工艺参数，得到工业生产中性能最佳的免蒸压轻质混凝土。

6.1　工业固废制备 FR-SAC 中试系统设计及试验研究

在本章研究中，我们利用工业固废制备 NA-LWC 的工艺路线主要分为两个阶段：第一，利用脱硫石膏、赤泥、铝型材电镀污泥、电石渣和粉煤灰制备得到 FR-SAC 熟料；第二，使用 FR-SAC 熟料与脱硫石膏协同制备免蒸压轻质混凝土。因此，在实现中试生产时，同样需要工业固废制备 FR-SAC 和 FR-SAC 制备 NA-LWC 两套中试生产系统。

6.1.1　工业固废制备 FR-SAC 中试系统设计

在我们前期课题组的中试研究中，实验室已经建造完成一套产量为 5 t/d 的中试生产线。图 6.1 为 FR-SAC 中试装置示意图，它主要由以下系统组成：生料处置系统（配置、水洗均化、压滤、烘干、粉磨)、熟料煅烧系统、胶凝材料粉磨系统。

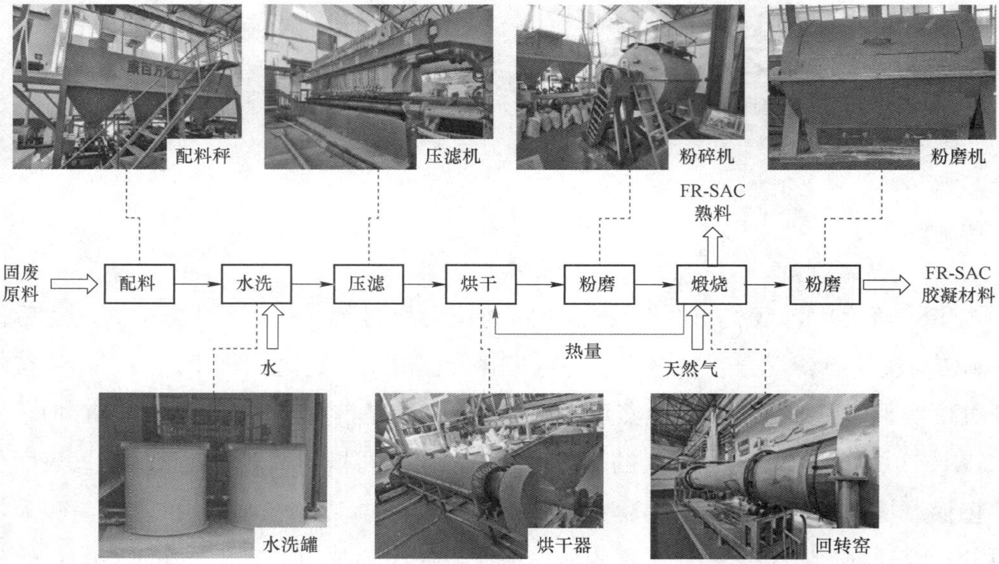

图 6.1　FR-SAC 中试装置示意图

　　生料处置系统包括生料配制、水洗均化、压滤、烘干、粉磨等工艺。首先根据原料的化学组成和矿物组成，使用配料秤配置得到目标原料；压滤之后，将生料滤饼等经烘干系统烘干；然后将其粉碎至细粉状态，经螺旋上料斗添加至回转窑中煅烧，得到 FR-SAC 熟料；最后将 FR-SAC 熟料与脱硫石膏、石粉等混合，即可得到 FR-SAC。

　　使用脱硫石膏、赤泥、铝型材电镀污泥、电石渣和粉煤灰作为原料制备 FR-SAC 熟料时，电镀污泥中可能存在少量的 Na^+，赤泥中含有大量的 Na^+ 和 K^+ 等碱金属离子及 Cl^- 和 F^- 等易溶于水的阴离子。过多的 Na^+、K^+ 和 Cl^- 等离子影响熟料中矿物的形成过程，造成有效矿物的减少，影响 FR-SAC 熟料的质量；在胶凝材料中，易溶于水的离子还会随着水分的蒸发而溢出，在 FR-SAC 净浆、砂浆和混凝土表面形成碱性结晶。因此，在原材料处理阶段需对原料进行水洗均化处理，降低原料中的 Na^+、K^+ 和 Cl^- 等可溶性离子含量，增加原料的混合程度，提高熟料的品质。此外，由于部分原料中含有一定量的水分，在配料之后进行水洗处理，而不需要对原料进行脱水处理，可简化原料处理工艺，减少能源消耗。

6.1.2　工业固废制备 FR-SAC 中试研究

　　采用上述工艺步骤，使用脱硫石膏、电石渣、赤泥、铝型材电镀污泥及粉煤灰作为原料生产 FR-SAC，得到的 FR-SAC 熟料如图 6.2 所示。图 6.2（a）和图 6.2（b）为回转窑中输出的 FR-SAC 熟料示意图。从图中可以看出，粉状生料进入回转窑经天然气煅烧之后，以红棕色且大小不一的颗粒状或球状固体产出。而且，由于固废原料中存在一定量的少量元素，使得熟料中有效矿物的形成温度降低，在 1 200 ℃时即可得到 FR-SAC 熟料。此外，FR-SAC 熟料的表面呈疏松多孔状，使其具有易磨性。最后，熟料中添加一定量的脱硫石膏，经混合、粉磨后，得到 FR-SAC，如图 6.2（c）所示。因此，通过该工艺生产 FR-SAC，可从熟料煅烧与粉磨两个方面降低 FR-SAC 的生产能耗。

(a) 熟料　　　　　　　(b) 熟料　　　　　　　(c) 胶凝材料

图 6.2　固废制备 FR-SAC 的中试产品图

依据国家标准《水泥胶砂强度试验》（GB/T 17671—1999）[187]中的检测方法，检测 FR-SAC 的各项性能，结果见表 6.1。从表 6.1 中可以看出，中试生产线生产的 FR-SAC 的抗折和抗压强度均高于国家标准《硫铝酸盐水泥》（GB/T 20472—2006）[188]中规定的 52.5 等级的水泥的抗折和抗压强度，中试生产线生产的 FR-SAC 的抗压强度与实验室的 FR-SAC 的抗压强度相差不大，但抗折强度略有降低。

表 6.1　FR-SAC 性能

	抗折强度/MPa			抗压强度/MPa			凝结时间/min		碱含量/%	比表面积/（m²/kg）
	1 d	3 d	28 d	1 d	3 d	28 d	初凝	终凝		
小试	7.9	8.4	9.4	40.7	56.3	64.7	34	96	0.98	—
国家标准 52.5	6.5	7.0	7.5	40.0	52.5	55.0	≤25	≥180	—	≥350
1	6.6	7.4	8.2	42.8	53.8	58.3	18	39	1.14	373
2	6.5	7.1	7.7	41.3	52.7	63.9	19	49	1.46	441
3	6.9	7.0	7.8	46.4	54.8	71.5	23	58	1.12	402

中试线生产得到的 FR-SAC 的凝结时间明显小于实验室得到的 FR-SAC 的凝结时间，而且两者的终凝时间均小于国家标准《硫铝酸盐水泥》（GB/T 20472—2006）中硫铝酸盐

水泥的凝结时间。造成这一现象的原因主要有两点：第一，中试生产的 FR-SAC 中碱金属的含量略多于实验室小试得到的胶凝材料及 52.5 硫铝酸盐胶凝材料中得到的碱金属含量，少量的碱金属会造成胶凝材料的假凝现象；第二，相较于硫铝酸盐水泥，FR-SAC 中含有较多的 C_4AF，水化反应时，C_4AF 的水化反应速率大于 $C_4A_3\bar{S}$ 的水化反应速率，从而造成 FR-SAC 的凝结时间短于硫铝酸盐水泥的凝结时间。尽管 FR-SAC 的初凝和终凝时间明显缩短不利于其浆体的工作性能，但在制备 NA-LWC 时，浆体的水灰比较高，使初凝时间相应地增加，这保证了浆体浇筑的可操作性；而较短的终凝时间也能够缩短 NA-LWC 的凝结时间，提高生产效率。

综上所述，工业固废生产 FR-SAC 的煅烧工艺较为稳定，可有效降低水泥的生产能耗。

6.2 固废基 FR-SAC 制备 NA-LWC 中试系统设计及试验研究

使用工业固废生产 NA-LWC 时，除工业固废制备 FR-SAC 中试系统外，还需要 FR-SAC 与脱硫石膏进一步协同制备 NA-LWC 中试系统。通过中试系统设计与试验，建立低碳、节能、高效的 NA-LWC 生产工艺，并得到性能良好的 NA-LWC。

6.2.1 固废基 FR-SAC 制备 NA-LWC 中试系统设计

FR-SAC 与脱硫石膏协同制备 NA-LWC 的中试生产线主要由以下几部分组成：原料配制系统、搅拌浇筑系统、模箱运转与预养护系统、切割系统等。本研究中，设计一条年产量为 5 000 m^3/年的生产线。

6.2.1.1 原料配制系统

如图 6.3 所示，原料配制系统主要由料仓、干粉搅拌机、计量秤及连接的螺旋上料器组成。其中，干粉搅拌机前装有配料秤，原料在干粉搅拌机中采用叠加计量方式，以减少配料秤的个数。干粉搅拌机的外观尺寸为 4 m×5 m，每次搅拌干粉料 0.5 t。此外，外加剂也在此阶段添加完成。在运行时，首先将储料罐中的原料经螺旋上料器输送至干粉搅拌机，在干粉搅拌机中将固废基 FR-SAC 与脱硫石膏按照 7:3 的配比混合 10 min，随后经螺旋上料器输送至搅拌罐。

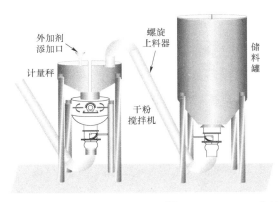

图 6.3　NA-LWC 生产线的原料配制系统

6.2.1.2　搅拌浇筑系统

如图 6.4 所示，搅拌系统主要以搅拌罐为主，附加进料口、出料口等，其中，料浆搅拌机为立式搅拌机，其直径为 0.8 m，高为 1.0 m，体积为 0.5 m³，采用 100～1 000 r/min 的变频搅拌速率。在制备 NA-LWC 时，模箱的尺寸约为 1.2 m×1.2 m×0.3 m，体积约为 0.432 m³。根据实验室数据可知，试块的干密度为 600 kg/m³，干粉的重量约为 260～300 kg，水灰比为 0.34，即每次搅拌用水量为 100 kg 左右，料浆的体积约为 0.200 m³。搅拌系统运行时，首先将一定量的水注入搅拌罐中，随后将干混合料经螺旋上料器添加进入搅拌罐，在一定速率下将料浆搅拌 5 min，随后添加双氧水，搅拌 30 s 后，将浆体排入模箱中。

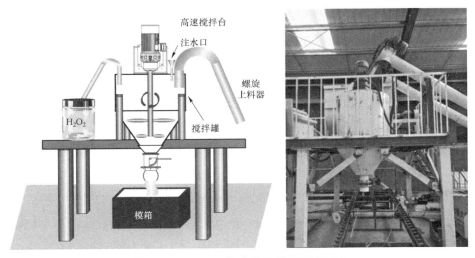

图 6.4　NA-LWC 生产线的搅拌浇筑系统

6.2.1.3 模箱运转与预养护系统

在 NA-LWC 料浆浇筑完成之后，将已浇筑的模箱放入运转轨道，料浆在模箱中发泡长大，随后经养护房预养护，空的模箱推进重新移动至搅拌罐下方。由此，运行轨道、模箱和养护房构成 NA-LWC 生产线的模箱运转与预养护系统，如图 6.5（a）所示。模箱运行系统中有 36 个模箱，模箱之间通过液压推进。由于搅拌系统中每个模箱的加料与搅拌时间共约 10～15 min，因此模箱沿轨道运行一周所耗时间约为 6～9 h。可根据试块的凝结时间，调整模箱的运行速度。此外，模箱由底托和四周侧板组成，其侧板均为等腰梯形，上平面内径均为 1 230 mm，底面内径为 1 250 mm，便于试块脱模。

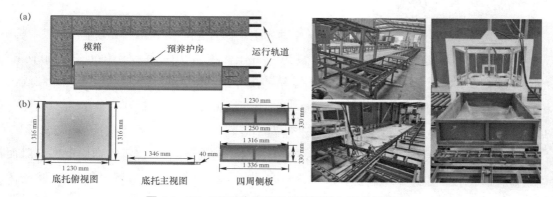

底托俯视图　　底托主视图　　四周侧板

图 6.5　NA-LWC 生产线的模箱运转与预养护系统

6.2.1.4 切割系统

当 NA-LWC 试块经过预养护后，强度达到 0.5～1 MPa 时，试块便可脱模切割。图 6.6 为 NA-LWC 生产线的切割系统。如图 6.6 所示，切割系统由提模机、去皮机、立式切割机（横切）和立式切割机（纵切）组成。当装有胚体的模具推进至提模机下方时，提模机将模箱向上提起至胚体分离，油缸将底座上的胚体推送至切割线，提模机下降，模箱与底座再次组装，等待下一次浇筑；随后，由于化学发泡无法精确控制料浆平整度，所以将脱完模的胚体通过去皮机削平，保证表面的平整度；然后，胚体继续推进至立式切割机（横切），将试块切割成两块 1 200 mm × 600 mm × 300 mm 的试块，随后经过立式切割机（纵切），将胚体切割成 12 块尺寸为 600 mm × 300 mm × 200 mm 的 NA-LWC 试块；最后使用叉车将试块码垛，养护。此外，以搅拌罐下方模箱为起点，切割系统位于环线六分之五周长处。在切割系统之前，模箱中装有发泡完成的试块；在切割系统后，空的模箱重新回到生产线中，等待下一次浇筑。

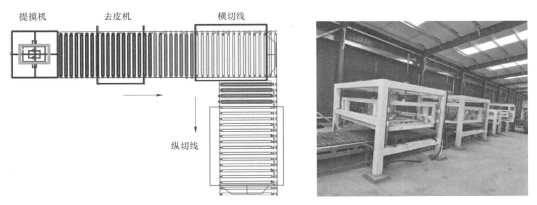

图 6.6　NA-LWC 生产线的切割系统

综上所述，图 6.7 为 FR-SAC 与脱硫石膏协同制备 NA-LWC 的生产线示意图，主要由原料配制系统、搅拌浇筑系统、模箱运转与预养护系统、试块切割系统四部分组成。当设备的大小和型号一定时，其生产效率取决于两点：第一，搅拌系统中浆体的搅拌时间。浆体搅拌时间越长，模箱在排料口的等待时间越长，生产效率越低。第二，胚体的凝结时间。切割系统中，当 NA-LWC 的强度约为 0.5～1MPa 时，试块为最佳切割状态。

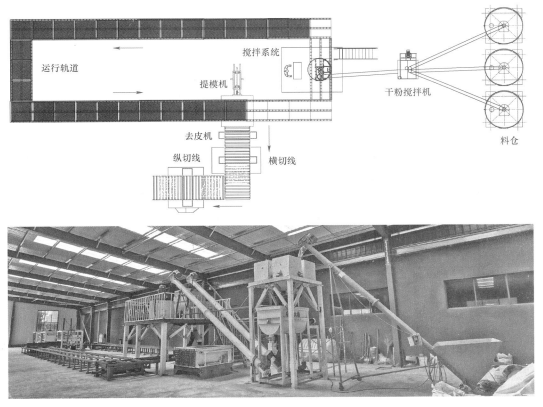

图 6.7　NA-LWC 生产线示意图

浆体浇筑至达到可切割状态所需的时间越长，模箱运行越慢，生产效率越低。因此，搅拌时间与凝结时间的匹配是中试的重点。

6.2.2 固废基 FR-SAC 制备 NA-LWC 中试研究

使用固废基 FR-SAC 与脱硫石膏作为原料生产 NA-LWC 时，NA-LWC 的生产效率和产品性能是决定 NA-LWC 经济性的主要因素。根据中试系统设计可知，NA-LWC 的生产效率由浆体的搅拌时间与模箱的运行时间决定，而且也会影响 NA-LWC 的性能。此外，搅拌速率等也会影响 NA-LWC 的性能。因此，在中试时，主要研究了 NA-LWC 的浆体搅拌时间、模箱运行时间和搅拌速率与产品性能的关系。

在 NA-LWC 生产线运行时，搅拌罐清洗及上料时间为 5 min。如表 6.2 所示，当浆体的搅拌时间为 2 min、5 min 或 8 min 时，每浇筑一罐浆体所需时间为 7 min、10 min 或 13 min。浇筑并清洗完成后，立刻推进模箱，开始下一箱的搅拌浇筑。模箱在轨道上运行一周所需的最少时间分别为 4.2 h、6 h 或 7.8 h。相对应地，模箱运行 5/6 圈，即运行 3.5 h、5 h 或 6.5 h 后，NA-LWC 试块进入切割系统。图 6.8 为不同生产环节的 NA-LWC 产品示意图。

表 6.2 不同搅拌时间和凝结时间时 NA-LWC 的性能

搅拌时间/min	运行时间/h	搅拌速率/（r/min）	生产效率/（m³/h）	密度/（kg/m³）	切割强度/MPa	抗压强度/MPa	吸水率/%	导热系数/（W/m·K）
2	4.2	500	3.70	618.2	0.34	3.43	18.4	0.18
5	6	500	2.59	604.7	0.67	4.39	13.6	0.14
8	7.8	500	1.99	642.5	1.17	4.52	13.1	0.13
5	6	500	2.59	604.7	0.67	4.39	13.6	0.14
5	7	500	2.22	608.5	0.92	4.42	13.8	0.16
5	8	500	1.94	600.3	1.13	4.32	14.9	0.15
5	6	100	2.59	610.5	0.45	3.44	15.2	0.17
5	6	500	2.59	604.7	0.67	4.39	13.2	0.14
5	6	1 000	2.59	594.6	0.74	4.45	12.7	0.13

将 FR-SAC 与热分解脱硫石膏以 7:3 的配比作为原料，双氧水添加量为 1.6%mL/g，水灰比为 0.34，水温约为 30 ℃，PCE、CS、HMPC 及 KI 的添加量分别为 0.1%、0.5%、0.05% 和 0.05%g/mL H_2O_2，分别在不同搅拌时间、运行时间和搅拌速率下制备 NA-LWC

试块，得到 NA-LWC 的性能见表 6.2。

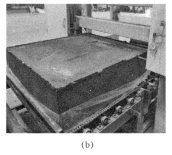

(a)　　　　　　　　　　(b)　　　　　　　　　　(c)

图 6.8　不同生产环节的 NA-LWC 产品示意图

从表中可以看出，当搅拌速率一定，搅拌时间分别为 2 min、5 min 和 8 min 时，试块的最大生产效率分别为 3.70 m³/h、2.59 m³/h 和 1.99 m³/h。但是，当搅拌时间为 2 min 时，由于搅拌时间过短，导致浆体不均匀，从而造成试块中孔径分布不均匀，试块的抗压强度较低，导热系数较大，吸水率较高；相反，当搅拌时间过长时，搅拌罐中残留的浆体较多，浆体的流动度降低，从而造成试块的密度增大。此外，当搅拌时间和搅拌速率一定，运行时间分别为 6 h、7 h 和 8 h 时，NA-LWC 试块的生产效率分别为 2.59 m³/h、2.22 m³/h 和 1.94 m³/h。此时，试块运行至切割系统的强度分别为 0.67 MPa、0.92 MPa 和 1.13 MPa。随着运行速率的增加，强度逐渐升高，但是试块最终的机械性能几乎没有差别。

当搅拌时间与运行时间均相同时，搅拌速率影响 NA-LWC 的产品性能。当搅拌速率为 100 r/min 时，浆体混合不均匀，试块的强度较低；当搅拌速率增加时，浆体混合更完全，试块的强度升高，吸水率和导热系数降低；当搅拌速率增加至 1 000 r/min 时，试块的强度、吸水率和导热系数几乎与 500 r/min 时所得试块的性能一致。因此，当搅拌速率为 500 r/min，搅拌时间和运行时间分别为 5 min 和 6 h 时，得到密度约为 600 kg/m³、抗压强度约为 4.5 MPa 的 NA-LWC，且 NA-LWC 的生产效率与产品性能达到最佳状态。

6.3　本章小结

在本章，我们以实验室研究结果为基础，建立了工业固废制备 FR-SAC 和 NA-LWC 的中试线，并且通过中试研究，获得高效的 NA-LWC 生产工艺参数，得到了性能稳定的 FR-SAC 和 NA-LWC 产品。本章研究得到的主要结论有以下两点。

（1）工业固废制备 FR-SAC 的生产线主要包括生料处置系统（配置、水洗均化、压滤、烘干、粉磨）、熟料煅烧系统、胶凝材料粉磨系统。基于该系统，得到的 FR-SAC 可满足 52.5 等级的水泥所要求的抗压和抗折强度等性能，但是 FR-SAC 的凝结时间相对较小。

（2）使用 FR-SAC 和热解脱硫石膏为原料制备 NA-LWC 的中试系统主要由原料配制系统、搅拌浇筑系统、模箱运转与预养护系统、切割系统等组成。以实验室研制配方为原料，当搅拌速率为 500 r/min，搅拌时间和运行时间分别为 5 min 和 6 h 时，得到密度约为 600 kg/m³、抗压强度约为 4.5 MPa 的 NA-LWC，且 NA-LWC 的生产效率与产品性能匹配达到最佳状态。

第 7 章　工业固废制备 NA-LWC 的生命周期评价

通过对大宗工业固废制备 NA-LWC 的生产线设计及研究，得到了最佳的 NA-LWC 的制备工艺。但是，作为创新生产过程，已完成研究更注重 NA-LWC 的性能控制与提高，而 NA-LWC 的能源消耗及对环境的影响等尚未明晰。因此，采用生命周期评价（LCA）方法评估生产 NA-LWC 全过程的环境影响。

在本章，我们将基于生命周期评价理论，使用 SimaPro 软件，以行业生产数据和全固废制备 NA-LWC 的生产线实测数据相结合作为数据来源，对全工业固废制备 FR-SAC、再协同脱硫石膏制备 NA-LWC 的生产全过程进行评价。同时，将 NA-LWC 与 AAC 的生产全过程的环境影响进行对比，获得两种 LWC 在生命周期各环节的能源消耗、气候变化等评价类别的影响结果，从而揭示 NA-LWC 的环境影响优势；通过分析 NA-LWC 在生产过程不同阶段的环境影响，改进对环境影响较大的环节，进一步实现 NA-LWC 的节能、低碳化生产。

7.1　研究目标和系统边界

7.1.1　研究目标

LCA 的目的是量化评价产品生命周期内的环境影响，并对产品的来源、生产及处理等环节的改进提出相应的建议。对于新的 NA-LWC 产品和制备工艺，其环境影响尚未有相关评价和研究。目前，全国生产的加气混凝土主要为粉煤灰 AAC，其产量约占行业产量的 70% 以上。因此，分别以 NA-LWC 和 AAC 为研究对象，评价两者的环境影响，并以 AAC 的评价结果为对比基准，得到 NA-LWC 的环境影响结果。

在本章研究中，我们的研究目标为计算本研究提出的固废协同制备得到的 NA-LWC 全生命周期的环境影响，分析 NA-LWC 各生产阶段的环境影响和环境影响类别，确定造成环境影响的关键环节和对环境产生影响的主要类别，从而提出相应的改进措施或方法。

7.1.2 系统边界

通常，LCA 的系统边界为从摇篮到坟墓。NA-LWC 与 AAC 遵循的产品标准相同，产品的使用场景和范围相一致。因此,系统边界选择从摇篮到工厂大门。图 7.1 为 NA-LWC 的系统边界，主要包括 FR-SAC 制备阶段的固废原料的运输、生料的制备、熟料煅烧和粉磨以及电力生产和天然气的开采和燃烧；NA-LWC 生产阶段包括浆料的制备、搅拌、浇筑成型、切割、养护等。同理，AAC 的系统边界包括原料的开采与运输、浆料的制备、蒸气制备、切割、养护等，如图 7.2 所示。

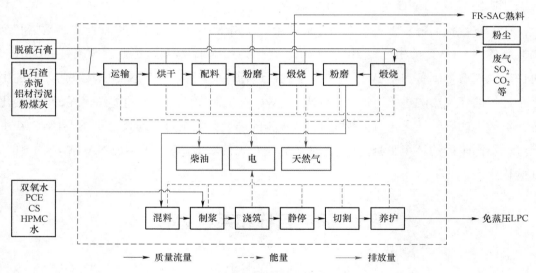

图 7.1　NA-LWC 的系统边界

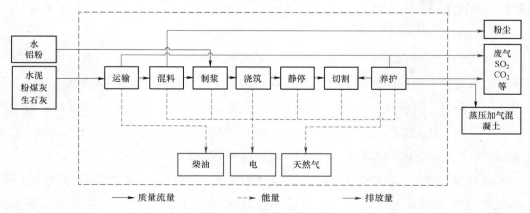

图 7.2　AAC 的系统边界

144

将上述制备工艺分为原料运输、胶凝材料制备、LWC 制备三个阶段，并分别对比 NA-LWC 与 AAC 各生产阶段的环境影响。此外，将 NA-LWC 的制备工艺分为原料运输、原料处理、FR-SAC 熟料煅烧、NA-LWC 粉料配制、浆料制备与浇筑、切割与养护六个阶段，分析每个阶段的环境影响，从而从清洁生产的角度进一步改进生产工艺。本研究中以生产 1 m³、密度为 600 kg/m³ 的 LWC 为功能单元。

7.2　数据清单

根据系统边界的设定，得到 NA-LWC 和 AAC 的生命周期输入清单和输出清单。输入清单主要有原料输入和能源消耗，包括电耗、运输油耗及煅烧的化石能源消耗。输出清单为污染物排放，主要包括发电、运输及煅烧过程中的污染物排放。

7.2.1　原料输入

NA-LWC 的原料输入主要来源于两部分，表 7.1 为两种产品生命周期的原料输入。第一部分为制备 FR-SAC 的工业固废，包括脱硫石膏、电石渣、赤泥、铝型材电镀污泥和粉煤灰。第二部分为脱硫石膏、双氧水、水及各种外加剂（PCE、CS、HPMC 等）。根据前期实验结果，NA-LWC 原料中，FR-SAC 的含量为 70%，热处理后脱硫石膏的含量为 30%；体积分数为 30 wt.% 的双氧水的添加量为 1.6%mL/g，反应温度为 30 ℃，水灰比为 0.34，PCE、CS、HPMC 及 KI 的添加量分别为 0.1%、0.5%、0.05% 和 0.05 g/mL H_2O_2。

表 7.1　NA-LWC 与 AAC 的原料输入清单

类型	NA-LWC			类型	AAC		
	原料运输	胶凝材料制备	LWC 制备		原料运输	胶凝材料制备	LWC 制备
脱硫石膏	—	53.8 kg	178.5 kg	粉煤灰	—	414.7 kg	—
电石渣	—	243.9 kg	—	水泥	—	42.3 kg	—
赤泥	—	57.9 kg	—	生石灰	—	102.3 kg	—
铝材污泥	—	115.9 kg	—	脱硫石膏	—	10.2 kg	—
粉煤灰	—	36.6 kg	—	铝粉	—	—	0.67 kg
双氧水	—	—	8.8 L	蒸气	—	—	0.18 MJ
水	—	6.73 L	187 L	水	—	—	247.43 kg

145

类型	NA-LWC			类型	AAC		
	原料运输	胶凝材料制备	LWC 制备		原料运输	胶凝材料制备	LWC 制备
PCE	—	—	0.55 kg	粗盐			0.11 kg
CS	—	—	2.75 kg				
HPMC	—	—	0.25 kg				
KI	—	—	0.44 kg				

根据中试生产数据，1 m³ 密度为 600 kg/m³ 的 NA-LWC 的原料中，FR-SAC 与热处理脱硫石膏的用量分别约为 385 kg 和 165 kg，用水量为 187 kg。其中，根据 FR-SAC 的生产数据，可得 FR-SAC 熟料的产出率约为生料总量的 76%；热处理的脱硫石膏在 110 ℃ 下煅烧 1 h 后，此时 $CaSO_4 \cdot 2H_2O$ 和 $CaSO_4 \cdot 0.5H_2O$ 的含量均为脱硫石膏总量的 44 wt.%。

AAC 的原料输入主要有粉煤灰、生石灰、水泥、石膏、铝粉和水。水泥在 AAC 制备初期起胶凝作用；粉煤灰为硅源和钙源、石膏和生石灰为钙源，经蒸压养护后可生成托贝莫来石而产生强度；铝粉则为 AAC 的发气剂。

7.2.2　能源输入

在生产 NA-LWC 和 AAC 时，主要的能源消耗为石油、天然气和电力，表 7.2 为两种产品生命周期的能源输入。其中，柴油为原料运输过程中的能源消耗，天然气主要为熟料的煅烧、脱硫石膏的煅烧以及蒸气制备过程中的能源消耗，电力消耗则几乎发生在生产工艺全过程。

表 7.2　NA-LWC 与 AAC 的能源输入清单

类型	NA-LWC			AAC		
	原料运输	胶凝材料制备	LWC 制备	原料运输	胶凝材料制备	LWC 制备
柴油/L	1.72	—	—	1.42	0.04	—
天然气/m³	—	31.08	—	—	—	5.42
电力/kW/h	—	19.98	7.69	—	3.94	1.22

在 NA-LWC 生产线建设时，通常建设于工业固废来源丰富的地区。因此，运输距离假设为 100 km，根据数据库数据，载重 28 t 的柴油大货车，1 t·km 的公路运输柴油消

耗为 53 g。

7.2.3 污染物输出

SimaPro 中的污染物排放数据多采集于欧美国家相关行业，与我国的电力和天然气消耗污染物排放并不相同，柴油污染物排放按照 SimaPro 软件中的数据计算[189]。除电力、天然气和柴油消耗外，生料配制和水泥粉磨阶段还会产生一定量的粉尘。根据调查，AAC 生产过程中，经除尘处理后，功能单元粉尘排放为 54.31×10^{-6} kg。根据文献，水泥厂烟尘的排污系数为 156 g/t 熟料，生产功能单元水泥的粉尘排放约为 0.06 kg[190]。

7.3 NA-LWC 与蒸压加气混凝土的 LCA 分析

7.3.1 特征化分析

当 NA-LWC 与 AAC 的生命周期清单收集完全后，使用 ReCiPe Midpoint（H）模型，从以下十八种指标评价两种产品的环境影响，包括全球变暖、臭氧层消耗、电离辐射、臭氧–人类健康、细颗粒物形成、臭氧–陆地生态系统、陆地酸性化、淡水富营养化、海水富营养化、陆地生态毒性、淡水生态毒性、海洋生态毒性、人类致癌毒性、人类非致癌毒性、土地占用、矿产资源消耗、化石能源消耗和水资源消耗，见表 7.3。从表中可以看出，NA-LWC 全生命周期对全球变暖的影响为 50.09 kg CO_2 eq，小于 AAC 在气候变化方面的影响。因此，NA-LWC 为更加低碳的轻质混凝土材料。

表 7.3 1 m³NA-LWC 和 AAC 的 LCA 特征化分析

类别	单位	NA-LWC	AAC
全球变暖	kg CO_2 eq	50.22	162.83
臭氧层消耗	kg CFC-11 eq	3.06E-05	2.21E-05
电离辐射	kg SO_2 eq	0.42	0.88
臭氧–人类健康	kg P eq	0.13	0.15
细颗粒物形成	kg N eq	0.11	0.08
臭氧–陆地生态系统	kg 1,4-DB eq	0.13	0.15
陆地酸性化	kg NMVOC	0.31	0.21

类别	单位	NA-LWC	AAC
淡水富营养化	kg PM10 eq	6.51E-03	8.74E-03
海水富营养化	kg 1，4-DB eq	5.66E-04	6.19E-04
陆地生态毒性	kg 1，4-DB eq	27.86	63.07
淡水生态毒性	kg 1，4-DB eq	0.34	0.50
海洋生态毒性	kBq U235 eq	0.51	0.73
人类致癌毒性	m^2a	0.70	0.65
人类非致癌毒性	m^2a	10.96	14.76
土地占用	m^2	0.72	2.90
矿产资源消耗	m^3	5.58E-02	0.35
化石能源消耗	kg Fe eq	38.47	22.93
水资源消耗	kg oil eq	0.30	0.54

此外，在化石能源消耗上，由于 NA-LWC 中的 FR-SAC 较高，且 FR-SAC 的生产过程中消耗大量的天然气，因此 NA-LWC 的影响大于 AAC；而在陆地生态毒性和土地占用两方面，AAC 的影响大于 NA-LWC。两种产品在其他方面的全生命周期的影响相差不大。

7.3.2 标准化分析

通过特征化分析，可得到两种产品对环境影响的具体数值大小，但是无法评估不同类别影响之间的关系。标准化是确定不同环境影响类别的相对贡献大小，得到总的环境影响水平的过程。标准化得出无量纲的计算结果，直接反映了所研究系统造成潜在环境影响的相对大小。因此，可比较各中间点环境影响类别对整体环境影响做出的贡献度，通过标准化分析，量化得到产品在不同影响类别的环境影响关系。根据标准化分解数据可得，NA-LWC 和 AAC 生命周期总的环境影响值分别为 1.21 和 1.6，NA-LWC 比 AAC 的环境影响总值降低 24.38%。图 7.3 为 1 m^3 NA-LWC 和 AAC 的标准化分析结果。从图中可以看出，无论是 NA-LWC 还是 AAC，环境影响类型排名前四的均为海洋生态毒性、淡水生态毒性、人类致癌毒性和人类非致癌毒性。NA-LWC 生命周期的环境影响排名第五位的为化石能源消耗，而 AAC 为陆地生态毒性。这是因为 FR-SAC 熟料为生产 NA-LWC 时的主要原料，FR-SAC 熟料生产时，需要消耗大量的天然气。因此，化石能源消耗量较大。对于两种 LWC，排名前五的环境影响类型的总影响均占总环境影响的 94% 以上。

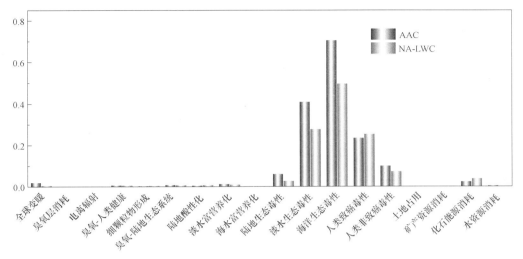

图 7.3　1 m³NA-LWC 和 AAC 的 LCA 标准化分析

7.3.3　关键流程与关键物质分析

通过 LCA，得到了 NA-LWC 与 AAC 的环境影响评价结果及两者之间的大小关系。而且，通过 NA-LWC 的 LCA 标准化分析可知，其主要的环境影响类型包括海洋生态毒性、淡水生态毒性、人类致癌毒性、人类非致癌毒性和化石能源消耗。但是，对于影响 NA-LWC 的关键物质和关键步骤仍然无法识别。为了获得 NA-LWC 生命周期的关键过程，将 NA-LWC 全生命周期分为原料运输、原料处理、FR-SAC 熟料煅烧、LWC 原料配制、浆料制备与浇筑和切割与养护六个步骤进行 LCA 评价，得到每一过程对环境的影响。表 7.4 为 NA-LWC 全生命周期的输入和输出清单。

表 7.4　NA-LWC 全生命周期的输入与输出清单

类型	原料运输	原料处理	FR-SAC 熟料煅烧	LWC 粉料配制	浆料制备与浇筑	切割与养护
脱硫石膏/kg	—	53.8	—	178.5	—	—
电石渣/kg	—	243.9	—	—	—	—
赤泥/kg	—	57.9	—	—	—	—
铝材污泥/kg	—	115.9	—	—	—	—
粉煤灰/kg	—	36.6	—	—	—	—
30%双氧水/L	—	—	—	—	8.8	—

类型	原料运输	原料处理	FR-SAC 熟料煅烧	LWC 粉料配制	浆料制备与浇筑	切割与养护
水/L	—	6.73	—	—	187	—
PCE/kg	—	—	—	0.55	—	—
CS/kg	—	—	—	5.50	—	—
HPMC/kg	—	—	—	0.25	—	—
KI/kg	—	—	—	0.44	—	—
柴油/L	1.72	—	—	—	—	—
天然气/m^3	—	—	31.08	—	—	—
电力/kWh	—	8.66	11.32	5.60	1.33	0.76
粉尘/kg	0.003 7	0.019 8	0.013 4	0.023 8	54.31×10^{-6}	—

图 7.4 为 NA-LWC 的不同阶段在五种环境影响类型的影响结果。从图中可以看出，FR-SAC 熟料煅烧对五种环境影响类型的影响均大于 30%，是造成环境影响的最关键的过程；另外，浆料制备与浇筑和 LWC 原料制备也是造成 NA-LWC 生命周期影响环境的关键过程。

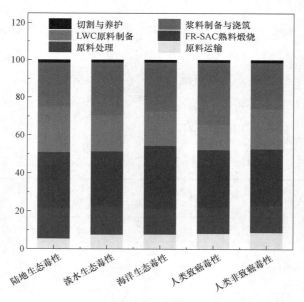

图 7.4　1 m^3NA-LWC 环境影响的关键过程

除关键过程外，不同原料在 NA-LWC 生命周期对环境的影响也不同。为了探索不同原料对环境的影响，我们探究了电力、天然气、柴油、双氧水及外加剂等输入原料在主要影响类型的环境影响值，结果如图 7.5 所示。从图中可以看出，双氧水和电力消耗分别占五种主要环境影响类型的 30%以上，是造成 NA-LWC 环境影响的关键物质。

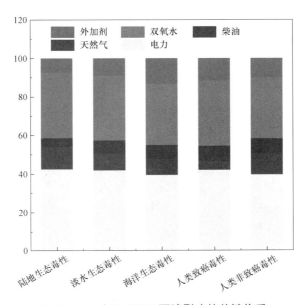

图 7.5　1 m³NA-LWC 环境影响的关键物质

　　根据关键程序和关键物质的分析可知，发泡剂双氧水为 NA-LWC 生产的关键物质，相对应地，在浆料制备与浇筑阶段需要消耗大量的发泡剂双氧水。因此，浆料制备与浇筑阶段也成为造成环境影响的关键过程。除此之外，在 NA-LWC 生产的全过程中，均存在一定的电力消耗，这也导致电力成为 NA-LWC 全生命周期的关键物质。此外，在 FR-SAC 熟料煅烧阶段，不仅消耗较大量的电量，也会燃烧化石燃料天然气。因此，该阶段的环境影响较大，属于 NA-LWC 的关键流程。同样地，在 LWC 原料制备阶段，FR-SAC 熟料与脱硫石膏的粉磨与混合消耗大量的电力，同时产生较多的粉尘，环境影响较大。

　　基于关键流程与关键物质分析，可以得到 FR-SAC 熟料煅烧为制备 NA-LWC 的关键流程；电力是 NA-LWC 生命周期的关键物质，电力与天然气是 NA-LWC 碳排放量最大的物料来源。因此，降低 FR-SAC 熟料煅烧的能源消耗或降低 NA-LWC 原料中 FR-SAC 熟料的添加量是降低 NA-LWC 环境影响的关键步骤。此外，料浆的制备与浇筑和双氧水分别为 NA-LWC 生命周期的关键流程和关键物质，降低双氧水的使用量，提高双氧水的产气率或者增加试块的保气能力，减少气体的溢出，也能够降低 NA-LWC 的环境影响。

7.4 NA-LWC 的碳减排效应

图 7.6 为 NA-LWC 与 AAC 的 CO_2 排放量。从图中可以看出，在两种 LWC 生产过程中，胶凝材料制备为碳排放占比最大的生产过程。结合两种 LWC 不同输入原料的碳排放可知，在制备 AAC 时，生石灰为造成 AAC 碳排放量较大的主要来源；其次是水泥，尽管 AAC 中的水泥用量较小，但是普通硅酸盐水泥原料与制备过程均产生大量 CO_2，导致水泥生命周期内产生大量的碳排放量。而对于 NA-LWC，由于 FR-SAC 熟料煅烧过程消耗较大的电量和天然气，造成大量的碳排放。因此，胶凝材料制备过程是其生命周期碳排放量最大的过程。尽管如此，与 AAC 的碳排放量 162.83 kg CO_2 eq 相比，NA-LWC 生命周期的碳排放量为 52.13 kg CO_2 eq，碳排放量降低 68%。由此可知，NA-LWC 表现出更好的碳减排效应，更能够实现绿色、可持续发展。

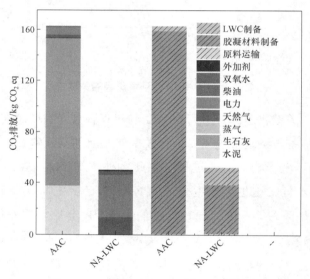

图 7.6 AAC 和 NA-LWC 的 CO_2 排放量

7.5 本章小结

在本章，我们基于生命周期评价方法，采用中试线生产检测数据和国内行业生产数据，通过与蒸压加气混凝土生命周期的环境影响对比，评价了以脱硫石膏、电石渣、赤泥、铝型材电镀污泥和粉煤灰为原料的多固废协同制备 NA-LWC 全生命周期的环境影响和碳减排效应；随后，将 NA-LWC 生命周期分解为不同的阶段，评价不同生产阶段和输入原料对环境的影响，从而得到关键流程和关键物质，为 NA-LWC 生产过程中的绿色化调整提供理论依据。本章研究得到的主要结论有以下几点。

（1）NA-LWC 和 AAC 生命周期总的环境影响值分别为 1.21 和 1.6，NA-LWC 比 AAC 的环境影响总值降低 24.38%；NA-LWC 的主要环境影响类型为海洋生态毒性、淡水生态毒性、人类致癌毒性、人类非致癌毒性和化石能源消耗，其环境影响总和达到所有影响类型之和的 94% 以上。

（2）NA-LWC 生命周期环境影响的关键流程为 FR-SAC 熟料煅烧、料浆制备与浇筑和 LWC 原料制备，关键物质为双氧水和电力，因此进一步减少 FR-SAC 熟料的添加量、提高双氧水的使用效率是降低 NA-LWC 环境影响的有效手段。

（3）制备 NA-LWC 时，胶凝材料制备为碳排放占比最大的生产过程；NA-LWC 生命周期的碳排放为 52.13 kg CO$_2$ eq，与 AAC 相比，NA-LWC 的碳排放量降低 68%。

第8章 研究成果、创新点与展望

8.1 研究成果

　　大宗工业固废的堆存量大、利用率低，是制约我国绿色转型的难点之一。推进大宗工业固废资源化利用对提高资源利用效率、改善环境、促进经济社会发展全面绿色转型具有重要意义。但是，大宗工业固废不稳定的理化性质、有限的资源化利用量及较高的处理成本等均是限制固废资源化利用的瓶颈。开发固废覆盖面广、产品性能稳定且高附加值的创新型工业固废利用技术是实现工业固废资源化、高值化利用的关键。本研究采用典型固废协同互补的创新理念，利用脱硫石膏、电石渣、赤泥、铝型材电镀污泥和粉煤灰间的化学组成协同互补，制备得到 FR-SAC，利用 FR-SAC 的性能特点，与脱硫石膏再次协同利用制备得到免蒸压轻质混凝土，最后将其扩展至中试线建设和试验，并使用生命周期评价的方法对其设备工艺进行优化，建立低碳、节能、高效的免蒸压轻质混凝土制备工艺。本研究的成果主要有以下几点。

　　（1）揭示了固废原料的热分解特性、少量元素及矿物组成对其制备 FR-SAC 熟料的矿物组成的影响机制，验证了固废制备 FR-SAC 熟料的可行性；揭示了煅烧工艺和原料配比对 FR-SAC 熟料的矿物种类和含量的影响规律，得到性能良好的 FR-SAC。

　　以脱硫石膏、电石渣、赤泥、铝型材电镀污泥和粉煤灰为原料制备 FR-SAC 时，赤泥和粉煤灰中未热分解的 $Na(AlSiO_4)$、$Na(AlSi_3O_8)$ 以及莫来石均参与了熟料活性矿物的组成。固废中的少量元素 Na_2O 能够促进 $CaSO_4$ 的分解和 C_4AF 的生成；TiO_2 能够促进 C_2AS 的生成，使熟料中 $C_4A_{3-x}F_x\bar{S}$ 和 C_2S 的含量降低；K_2O 和 MgO 对熟料中其他活性矿物组成的影响相对较小。

　　使用工业固废作为原料制备 FR-SAC 熟料时，最适的原料配比为：C_m 为 1.00，C_4AF 和 $CaSO_4$ 的剩余量分别为 20 wt.% 和 10 wt.% 的生料；煅烧条件为：在 1 200 ℃下保温 30 min。其可降低 Al_2O_3 的消耗量，得到性能满足 52.5 水泥要求的 FR-SAC。

　　（2）揭示了 CaO 和 $CaSO_4$ 对 FR-SAC 熟料中含铁矿物形成的影响规律，实现了 FR-SAC 熟料中活性矿物的调控；从热力学角度阐明了 CaO 和 $CaSO_4$ 对含铁矿物形成的影响机理。

随着以 $CaCO_3$ 或 $Ca(OH)_2$ 形式存在的 CaO 含量的减少，熟料中的 C_4AF 含量减少，$C_4A_{3-x}F_x\overline{S}$ 中掺入 Fe_2O_3 的含量增加。相反，随着熟料中 $CaSO_4$ 的设计剩余量的增加，C_4AF 的含量明显降低，$C_4A_{3-x}F_x\overline{S}$ 的含量也会略有减少，但是 $C_4A_{3-x}F_x\overline{S}$ 中 Fe_2O_3 的掺加量明显增加。当原料中 C_m 值为 0.90，$CaSO_4$ 和 C_4AF 的设计量分别为 10 wt.% 和 20 wt.% 时，$C_4A_{3-x}F_x\overline{S}$ 中掺入 Fe_2O_3 的量可达 17.72 wt.%，x 值可达 0.36。根据热力学数据，当 CaO 不足时，$C_4A_3\overline{S}$ 生成反应的 Gibbs 自由能比 C_4AF 生成反应的 Gibbs 自由能更负，$C_4A_3\overline{S}$ 更容易生成，更多未反应的 Fe_2O_3 固溶到 $C_4A_3\overline{S}$ 中，形成 $C_4A_{3-x}F_x\overline{S}$；反之，则 C_4AF 更容易生成，$C_4A_{3-x}F_x\overline{S}$ 中 Fe_2O_3 的掺入量减少。

（3）揭示了聚羧酸高效减水剂、硬脂酸钙和羟丙基纤维素醚对 NA-LWC 的胶凝材料的水化性能、净浆浆体流动度、吸水率及粘度等宏观性能的影响规律，从而实现流动度、吸水率及粘度等宏观性能的定向调控，为其应用于 NA-LWC 奠定理论基础。

FR-SAC 净浆中，当聚羧酸高效减水剂用量为 1 wt.‰ 时，FR-SAC 的标准稠度用水量降低 27%；进一步增加减水剂，减水率变化趋于平缓。添加聚羧酸高效减水剂使 FR-SAC 净浆试块的抗压强度显著增加；而且，聚羧酸高效减水剂仅略微延缓 FR-SAC 的早期水化速率，不会影响后期水化产物的形成。

硬脂酸钙不影响 FR-SAC 的水化产物的形成；添加硬脂酸钙的 FR-SAC 净浆展现出良好的疏水性和较低的早期吸水率，但对长期吸水率影响不大。羟丙基纤维素醚作为 FR-SAC 的增稠剂时，对浆体的水化速率和水化产物产生的影响较小，但能够显著地降低净浆的流动度，增加其粘度。但是，添加羟丙基纤维素醚会降低 FR-SAC 净浆试块的抗压强度。

（4）提出了 FR-SAC 与热分解脱硫石膏协同制备 NA-LWC 的创新方法；揭示了煅烧后脱硫石膏的性能、胶凝材料配比、外加剂、双氧水含量及水灰比对 NA-LWC 性能的影响机制，得到了最适合 NA-LWC 生产的原料体系。

使用 FR-SAC 和脱硫石膏制备 NA-LWC 时，FR-SAC 与烘干后脱硫石膏的配比为 7:3，体积分数为 30 wt.% 的双氧水的添加量为 1.6% mL/g，反应温度为 30 ℃，水灰比为 0.34，聚羧酸高效减水剂、硬脂酸钙、羟丙基纤维素醚及 KI 的添加量分别为 0.1%、0.5%、0.05% 和 0.05% g/mL H_2O_2。

（5）以实验室研究结果为基础，建立了工业固废制备 FR-SAC 和 NA-LWC 的中试线，获得高效的 NA-LWC 生产工艺参数，得到了性能稳定的 FR-SAC 和 NA-LWC 产品。

工业固废制备 FR-SAC 的生产线主要由生料处置、熟料煅烧和胶凝材料粉磨系统组成。基于该生产线，得到的 FR-SAC 可满足 52.5 水泥的机械性能要求，但是 FR-SAC 的凝结时间相对较短。使用 FR-SAC 和热解脱硫石膏作为原料制备 NA-LWC 的中试系统主要由原料配制系统、搅拌浇筑系统、模箱运转与预养护系统、切割系统等组成。以实验室研制配方为原料，当搅拌速率为 500 r/min，搅拌时间和运行时间分别为 5 min 和 6 h 时，得到密度约为 600 kg/m³、抗压强度约为 4.5 MPa 的 NA-LWC，此时 NA-LWC 的生产效率与产品性能匹配达到最佳状态。

（6）基于生命周期评价理论，评价了以脱硫石膏、电石渣、赤泥、铝型材电镀污泥和粉煤灰为原料的多固废协同制备 NA-LWC 全生命周期的环境影响和碳减排效应，得到 NA-LWC 生命周期的关键流程和关键物质，为 NA-LWC 生产过程中的绿色化改进与提升提供理论依据。

通过 NA-LWC 和蒸压加气混凝土的 LCA 标准化分析可以得出，与蒸压加气混凝土相比，NA-LWC 的环境影响总值降低 24.38%；通过对 NA-LWC 不同生产流程与原料的 LCA 分析可知，NA-LWC 生命周期环境影响的关键流程为 FR-SAC 熟料煅烧、料浆制备与浇筑和 LWC 原料制备，关键物质为双氧水和电力。进一步减少 FR-SAC 熟料的添加量、提高双氧水的使用效率是降低 NA-LWC 环境影响的有效手段。通过特征化分析结果可知，胶凝材料制备是 NA-LWC 生产时占比最大的碳排放过程；NA-LWC 生命周期的碳排放量为 52.13 kg CO_2 eq，与蒸压加气混凝土相比，NA-LWC 的碳排放量降低 68%。

8.2 创新点

本研究的创新点主要有以下几点。

（1）揭示了固废原料的理化特性、原料配比和制备参数等对 FR-SAC 熟料活性矿物形成的影响机制，获得低铝含量、高强度固废基 FR-SAC 的制备方法。

系统阐明了脱硫石膏、电石渣、铝型材电镀污泥、赤泥、粉煤灰中的化学组成、矿物组成、少量元素等对 FR-SAC 熟料中矿物形成的影响，揭示了原料配比、制备参数等对含铁矿物的影响机制，获得高抗压强度的 FR-SAC。

（2）揭示了 $CaO/CaSO_4$ 的添加量对 FR-SAC 熟料关键矿物 $C_4A_{3-x}F_x\bar{S}$ 中 Fe_2O_3 固溶量的调控机制，降低 FR-SAC 中 Al_2O_3 含量。

通过 Rietveld 全谱拟合定量分析、单颗粒能谱分析等多种方法联用，计算得到 $C_4A_{3-x}F_x\bar{S}$ 中 Fe_2O_3 的含量；通过改变原料中 $CaO/CaSO_4$ 的添加量，促使 Fe_2O_3 定向固溶到 $C_4A_{3-x}F_x\bar{S}$ 中，从而提高固废基 FR-SAC 中 Fe_2O_3 和 Al_2O_3 的有效利用率，降低 FR-SAC 中 Al_2O_3 的消耗，同时仍能保持其较高的机械强度，使得铝含量较低的固废用于固废基 FR-SAC 原料成为可能。

（3）通过中试和生命周期评价等研究，形成了绿色、高效的固废基 NA-LWC 生产工艺。

通过改变胶凝材料配比、外加剂添加量等调控 NA-LWC 的性能，通过 NA-LWC 中试线建设与中试改进生产工艺，提高生产效率；通过生命周期评价降低 NA-LWC 的环境影响，获得高性能的 NA-LWC 产品，建立低碳、高效的 NA-LWC 生产工艺。

8.3 展　望

本研究采用典型固废协同互补的创新理念，利用脱硫石膏、电石渣、赤泥、铝型材电镀污泥和粉煤灰间的化学组成协同，制备得到 FR-SAC，利用 FR-SAC 的性能特点，与脱硫石膏再次协同利用制备得到 NA-LWC，最后将其扩展至中试线建设和试验，并使用生命周期评价的方法对其设备工艺进行优化，建立了低碳、节能、高效的 NA-LWC 制备工艺。然而，受限于本人的知识水平、试验条件和时间，仍有许多问题亟待进一步完善与深入研究。对此，在未来，我们可从以下三个方面继续深入研究。

（1）本研究使用水洗的方法对原料中的可溶性离子进行处理，但其效率有限，且产生的污水仍需进一步处理。因此，如何利用高效、节能、环保的手段完成工业固废原料预处理仍需进一步研究。

（2）根据文献显示，硫铝酸盐水泥的后期强度存在倒缩现象，但在本研究中，固废基 FR-SAC 的机械性能并未产生倒缩。因此，需进一步延长观测时间，解释其是否存在倒缩或阐明未发生倒缩的原因。

（3）使用 FR-SAC 协同脱硫石膏制备 NA-LWC 时，本研究主要探究了原材料对 NA-LWC 性能的影响，而其孔结构等对 NA-LWC 性能影响的研究较少。因此，需进一步研究孔分布、孔结构等与 NA-LWC 的宏观性能的关系，以提高 NA-LWC 的性能。

参考文献

［1］新华社. 中共中央关于制定国民经济和社会发展第十四个五年规划和二〇三五年远景目标的建议［R/OL］.（2020-10-29）［2020-11-03］http://www. gov. cn/zhengce/2020-11/ 03/content_5556991. htm.

［2］中华人民共和国国务院. 国务院关于加快建立健全绿色低碳循环发展经济体系的指导意见［R/OL］.（2021-02-02）［2021-02-23］. http://www. gov. cn/gongbao/ content/2021/content_5591405. htm.

［3］中华人民共和国生态环境部. 2016—2019 年全国生态环境统计公报［R/OL］.（2021-10-29）［2021-11-03］. https://www. mee. gov. cn/hjzl/sthjzk/sthjtjnb/202012/P020201214580320276493. pdf.

［4］中华人民共和国发展和改革委员会. 关于"十四五"大宗固体废弃物综合利用的指导意见［R/OL］.（2021-03-18）［2021-04-18］http：//www. gov. cn/zhengce/zhengceku/2021-03/25/content_5595566. htm.

［5］Li Z M, Nedeljković M, Chen B Y, et al. Mitigating the autogenous shrinkage of alkali-activated slag by metakaolin［J］. Cement and Concrete Research, 2019, 122: 30-41.

［6］Li N, Shi C J, Zhang Z H, et al. A review on mixture design methods for geopolymer concrete［J］. Composites Part B：Engineering, 2019, 178：107490.

［7］Duan S Y, Liao H Q, Ma Z B, et al. The relevance of ultrafine fly ash properties and mechanical properties in its fly ash-cement gelation blocks via static pressure forming［J］. Construction and Building Materials, 2018, 186: 1064-1071.

［8］中国建筑节能协会. 中国建筑能耗研究报告（2020）［R/OL］.（2020-11-13）［2020-12-31］. https://www. cabee. org/site/content/24020. html.

［9］中华人民共和国住房和城乡建设部. 建筑节能与绿色建筑发展"十三五"规划［R/OL］.（2017-03-01）［2017-03-14］. https://www. mohurd. gov. cn/gongkai/zhengce/

zhengcefilelib/ 201703/20170314_230978. html.

[10] Zhang B Y, He P P, Poon C S. Improving the high temperature mechanical properties of alkali activated cement (AAC) mortars using recycled glass as aggregates [J]. Cement and Concrete Composites, 2020, 112(3): 103654.

[11] Wang W, Noguchi T. Alkali-silica reaction (ASR) in the alkali-activated cement (AAC) system: a state-of-the-art review [J]. Construction and Building Materials, 2020, 252: 119105.

[12] Yang S Z, Yao X L, Li J W, et al. Preparation and properties of ready-to-use low-density foamed concrete derived from industrial solid wastes [J]. Construction and Building Materials, 2021, 287: 122946.

[13] Shan S N, Mo K H, Yap S P, et al. Lightweight foamed concrete as a promising avenue for incorporating waste materials: a review [J]. Resources, Conservation and Recycling, 2021, 164: 105103.

[14] Dai X D, Aydn S, Yardmc M Y, et al. Effects of activator properties and GGBFS/FA ratio on the structural build-up and rheology of AAC [J]. Cement and Concrete Research, 2020, 138: 106253.

[15] Aslam M, Shafigh P, Jumaat M Z. Oil-palm by-products as lightweight aggregate in concrete mixture: a review [J]. Journal of Cleaner Production, 2016, 126: 56-73.

[16] Wu S, Wang W L, Ren C Z, et al. Calcination of calcium sulphoaluminate cement using flue gas desulfurization gypsum as whole calcium oxide source [J]. Construction and Building Materials, 2019, 228: 116676.

[17] Wang W L, Chen X D, Chen Y, et al. Calculation and Verification for the Thermodynamic Data of 3 CaO $\cdot$ 3Al$_2$O$_3$ $\cdot$ CaSO$_4$ [J]. Chinese Journal of Chemical Engineering, 2011, 19 (3): 489-495.

[18] Ren C Z, Wang W L, Li G L. Preparation of high-performance cementitious materials from industrial solid waste [J]. Construction and Building Materials, 2017, 152: 39-47.

[19] Huang Y B, Pei Y, Qian J S, et al. Bauxite free iron rich calcium sulfoaluminate cement: preparation, hydration and properties [J]. Construction and Building Materials, 2020, 249: 118774.

［20］ 赵立文，朱干宇，李少鹏，等. 电石渣特性及综合利用研究进展［J］. 洁净煤技术，2021，27（3）：13-26.

［21］ 徐婉怡，王红霞，崔小迷，等. 电石制备清洁生产和工程化研究进展［J］. 化工进展，2021，40（10）：5337-5347.

［22］ Hanjitsuwan S, Phoo-Ngerrnkam T, Li L Y, et al. Strength development and durability of alkali-activated fly ash mortar with calcium carbide residue as additive［J］. Construction and Building Materials, 2018, 162: 714-723.

［23］ Liu Y Y, Chang C W, Namdar A, et al. Stabilization of expansive soil using cementing material from rice husk ash and calcium carbide residue［J］. Construction and Building Materials, 2019, 221: 1-11.

［24］ Dulaimi A, Shanbara H K, Al-Rifaie A. The mechanical evaluation of cold asphalt emulsion mixtures using a new cementitious material comprising ground-granulated blast-furnace slag and a calcium carbide residue［J］. Construction and Building Materials, 2020, 250: 118808.

［25］ Wang B, Pan Z H, Cheng H G, et al. High-yield synthesis of vaterite microparticles in gypsum suspension system via ultrasonic probe vibration/magnetic stirring［J］. Journal of Crystal Growth, 2018, 492: 122-131.

［26］ Yuan Y, Li Y J, Duan L B, et al. CaO/Ca (OH)$_2$ thermochemical heat storage of carbide slag from calcium looping cycles for CO_2 capture［J］. Energy Conversion and Management, 2018, 174: 8-19.

［27］ Gao H Y, Wang W G, Liao H Q, et al. Characterization of light foamed concrete containing fly ash and desulfurization gypsum for wall insulation prepared with vacuum foaming process［J］. Construction and Building Materials, 2021, 281: 122411.

［28］ Caillahua M C, Moura F J. Technical feasibility for use of FGD gypsum as an additive setting time retarder for Portland cement［J］. Journal of Materials Research and Technology, 2018, 7 (2): 190-197.

［29］ Jiang L H, Li C Z, Wang C, et al. Utilization of flue gas desulfurization gypsum as an activation agent for high-volume slag concrete［J］. Journal of Cleaner Production, 2018, 205: 589-598.

［30］ Koralegedara N H, Pinto P X, Dionysiou D D, et al. Recent advances in flue gas desulfurization gypsum processes and applications-A review ［J］. Journal of Environment Management, 2019, 251: 109572.

［31］ Guan B H, Yang L, Fu H L, et al. α-calcium sulfate hemihydrate preparation from FGD gypsum in recycling mixed salt solutions ［J］. Chemical Engineering Journal, 2011, 174 (1): 296-303.

［32］ Leiva C, Garcíarenas C, Vilches L F, et al. Use of FGD gypsum in fire resistant panels ［J］. Waste Management, 2010, 30 (6): 1123-1129.

［33］ Liao R K, Yu H L, Lin H, et al. A quantitative study on three-dimensional pore parameters and physical properties of sodic soils restored by FGD gypsum and leaching water ［J］. Journal of Environmental Management, 2019, 248: 109303.

［34］ Zhao Y G, Zhang W C, Wang S J, et al. Effects of soil moisture on the reclamation of sodic soil by flue gas desulfurization gypsum ［J］. Geoderma, 2020, 375: 114485.

［35］ Khairul M A, Zanganeh J, Moghtaderi B. The composition, recycling and utilisation of bayer red mud ［J］. Resources, Conservation and Recycling, 2019, 141: 483-498.

［36］ Wang L, Sun N, Tang H H, et al. A review on comprehensive utilization of red mud and prospect analysis ［J］. Minerals, 2019, 9 (6): 362.

［37］ Wang S H, Jin H X, Deng Y, et al. Comprehensive utilization status of red mud in China: a critical review ［J］. Journal of Cleaner Production, 2021, 289: 125136.

［38］ Yuan S, Liu X, Gao P, et al. A semi-industrial experiment of suspension magnetization roasting technology for separation of iron minerals from red mud ［J］. Journal of Hazardous Materials, 2020, 394: 122579.

［39］ Agrawal S, Rayapudi V, Dhawan N. Extraction of iron values from red mud ［J］. Materials Today: Proceedings, 2018, 5 (9): 17064-17072.

［40］ Carvalheiras J, Novais R M, Mohseni F, et al. Synthesis of red mud derived M-type barium hexaferrites with tuneable coercivity ［J］. Ceramics International, 2020, 46 (5): 5757-5764.

［41］ Zhu X B, Niu Z P, Li W, et al. A novel process for recovery of aluminum, iron, vanadium, scandium, titanium and silicon from red mud ［J］. Journal of Environmental Chemical Engineering, 2020, 8 (2): 103528.

［42］ 张海峰, 陈璐, 刘先宇, 等. 基于赤泥载氧体的蓝藻化学链热解和气化特性研究［J］.

燃料化学学报，2021，49（12）：1802-1811.

［43］ Jin J P, Liu X, Yuan S, et al. Innovative utilization of red mud through co-roasting with coal gangue for separation of iron and aluminum minerals［J］. Journal of Industrial and Engineering Chemistry, 2021, 98: 298-307.

［44］ 李义伟，付向辉，李立，等. 赤泥综合回收利用研究进展及展望［J］. 稀土，2020，41（6）：97-107.

［45］ Zhao H, Gou H Y. Unfired bricks prepared with red mud and calcium sulfoaluminate cement: properties and environmental impact［J］. Journal of Building Engineering, 2021, 38: 102238.

［46］ Khezri S M, Poshtegal M K, Khoramipour S, et al. Use of aluminium anodizing sludge cake in manufacture of bricks［J］. Journal of Food, Agriculture and Environment, 2010, 8: 1158-1161.

［47］ Shen Y, Ruan Y Z, Yu Y, et al. Synthesis of aluminium titanate ceramics from waste sludge of aluminium factory［J］. Key Engineering Materials, 2008, 368-372: 1538-1540.

［48］ 徐龙辉，周玉焕. 铝型材表面处理污泥现状及综合处理技术分析［A］. 中国有色金属加工工业协会. 2020 年中国铝加工产业年度大会论文集（下册）［C］. 2020：740-747.

［49］ Stanisavljević M, Krstić I, Zec S. Eco-technological process of glass-ceramic production from galvanic sludge and aluminium slag［J］. Science of Sintering, 2010, 42(1): 125-130.

［50］ Ferreira J M F, Olhero S M. Al-rich sludge treatments towards recycling［J］. Journal of the European Ceramic Society, 2002, 22 (13): 2243-2249.

［51］ Da Costa E B, Rodríguez E D, Bernal S A, et al. Production and hydration of calcium sulfoaluminate-belite cements derived from aluminium anodising sludge［J］. Construction and Building Materials, 2016, 122: 373-383.

［52］ 柳丹丹. 粉煤灰酸法提铝过程 SiO_2 强化分离及硅基材料制备研究［D］. 太原：山西大学，2019.

［53］ Guo Y X, Li J, Yan K Z, et al. A prospective process for alumina extraction via the co-treatment of coal fly ash and bauxite red mud: investigation of the process［J］.

Hydrometallurgy, 2019, 186: 98-104.

［54］ Liu D D, Fang L, Guo Y X, et al. Effects of calcium oxide and ferric oxide on the process of alumina extraction of coal fly ash activated by sodium carbonate ［J］. Hydrometallurgy, 2018, 179: 149-156.

［55］ Li Z M, Lu T S, Chen Y, et al. Prediction of the autogenous shrinkage and microcracking of alkali-activated slag and fly ash concrete ［J］. Cement and Concrete Composites, 2021, 117: 103913.

［56］ Li Z M, Lu T M, Liang X H, et al. Mechanisms of autogenous shrinkage of alkali-activated slag and fly ash pastes ［J］. Cement and Concrete Research, 2020, 135: 106107.

［57］ Thymotie A, Chang T P, Nguyen H A. Improving properties of high-volume fly ash cement paste blended with β-hemihydrate from flue gas desulfurization gypsum ［J］. Construction and Building Materials, 2020, 261: 120494.

［58］ Zhu W, Teoh P J, Liu Y, et al. Strategic utilization of municipal solid waste incineration bottom ash for the synthesis of lightweight aerated alkali-activated materials［J］Journal of Cleaner Production, 2019, 235: 603-612.

［59］ El-Didamony H, Amer A A, Mohammed M S, et al. Fabrication and properties of autoclaved aerated concrete containing agriculture and industrial solid wastes ［J］. Journal of Building Engineering, 2019, 22: 528-538.

［60］ 王燕谋，苏慕珍，张量. 硫铝酸盐水泥 ［M］. 北京：北京工业大学出版社，1999.

［61］ Liu C, Luo J L, Li Q Y, et al. Calcination of green high-belite sulphoaluminate cement (GHSC) and performance optimizations of GHSC-based foamed concrete［J］. Materials & Design, 2019, 182: 107986.

［62］ Pace M L, Telesca A, Marroccoli M, et al. Use of industrial byproducts as alumina sources for the synthesis of calcium sulfoaluminate cements ［J］. Environment Science&Technology, 2011, 45 (14): 6124-6128.

［63］ Berrio A, Rodriguez C, Tobón J I. Effect of Al_2O_3/SiO_2 ratio on ye'elimite production on CSA cement ［J］. Construction and Building Materials, 2018, 168: 512-521.

［64］ El-Alfi E A, Gado R A. Preparation of calcium sulfoaluminate-belite cement from marble sludge waste ［J］. Construction and Building Materials, 2016, 113: 764-772.

［65］ Rungchet A, Chindaprasirt P, Wansom S, et al. Hydrothermal synthesis of calcium sulfoaluminate-belite cement from industrial waste materials［J］. Journal of Cleaner Production, 2016, 115: 273-283.

［66］ 施惠生，吴凯，郭晓潞，等. 垃圾焚烧飞灰研制硫铝酸盐水泥及其水化特性［J］. 建筑材料学报，2011，14（6）：730-735+751.

［67］ Sawadogo A Y F, Roux S, Lecomte A. Bioreceptivity of Portland and calcium sulphoaluminate cements in urban sewerage networks［J］. Construction and Building Materials, 2021, 293: 123425.

［68］ 耿永娟. 石油焦脱硫灰渣制备硫铝酸盐水泥的反应动力学、水化动力学及性能研究［D］. 青岛：青岛理工大学，2018.

［69］ Gálvez-Martos J L, Chaliulina R, Elhoweris A, et al. Techno-economic assessment of calcium sulfoaluminate clinker production using elemental sulfur as raw material［J］. Journal of Cleaner Production, 2021, 301: 126888.

［70］ Touzo B, Scrivener K L, Glasser F P. Phase compositions and equilibria in the $CaO-Al_2O_3-Fe_2O_3-SO_3$ system, for assemblages containing ye'elimite and ferrite Ca_2(Al, Fe)O_5［J］. Cement and Concrete Research, 2013, 54: 77-86.

［71］ Janzen D, Spies A, Neubauer J, et al. Studies on the early hydration of two modifications of ye'elimite with gypsum［J］. Cement and Concrete Research, 2016, 91: 106-116.

［72］ Ndzila J S. The effect of Fe^{3+}ion substitution on the crystal structure of ye'elimite［J］. Ceramics Silikaty, 2019, 64 (1): 1-9.

［73］ Bortnar M, Daneu N, Kramar S. Phase development and hydration kinetics of belite-calcium sulfoaluminate cements at different curing temperatures［J］. Ceramics International, 2020, 46 (18): 29421-29428.

［74］ Chen D, Feng X J, Long S Z. The influence of ferric oxide on the properties of $3CaO \cdot 3Al_2O_3 \cdot CaSO_4$［J］. Thermochimica Acta, 1993, 215: 157-169.

［75］ Idrissi M, Diouri A, Damidot D, et al. Characterisation of iron inclusion during the formation of calcium sulfoaluminate phase［J］. Cement and Concrete Research, 2010, 40 (8): 1314-1319.

［76］ 黄叶平，沈晓东，马素华，等. 氧化铁对硫铝酸钙矿物形成的影响［J］. 硅酸盐学

报，2007，35（4）：485-488.

[77] Khessaimi Y E, Hafiane Y E, Smith A, et al. Solid-state synthesis of pure ye'elimite[J]. Journal of the European Ceramic Society, 2018, 38 (9): 3401-3411.

[78] Shen Y, Qian J S, Chai J Q, et al. Calcium sulphoaluminate cements made with phosphogypsum: production issues and material properties [J]. Cement and Concrete Composites, 2014, 48: 67-74.

[79] Morsli K, Ángeles G. de la Torre, Zahir M, et al. Mineralogical phase analysis of alkali and sulfate bearing belite rich laboratory clinkers [J]. Cement and Concrete Research, 2007, 37 (5): 639-646.

[80] Uda S, Asakura E, Nagashima M. Influence of SO_3 on the phase relationship in the system $CaO-SiO_2-Al_2O_3-Fe_2O_3$ [J]. Journal of the American Ceramic Society, 1998, 81 (3): 725-729.

[81] Huang Y B, Pei Y, Qian J S, et al. Bauxite free iron rich calcium sulfoaluminate cement: preparation, hydration and properties [J]. Construction and Building Materials, 2020, 249: 118774.

[82] Isteri V, Ohenoja K, Hanein T, et al. Production and properties of ferrite-rich CSAB cement from metallurgical industry residues [J]. Science of Total Environment, 2020, 712: 136208.

[83] Iacobescu R I, Pontikes Y, Koumpouri D, et al. Synthesis, characterization and properties of calcium ferroaluminate belite cements produced with electric arc furnace steel slag as raw material [J]. Cement and Concrete Composites, 2013, 44(93): 1-8.

[84] Wang C L, Ni W, Zhang S Q, et al. Preparation and properties of autoclaved aerated concrete using coal gangue and iron ore tailings [J]. Construction and Building Materials, 2016, 104: 109-115.

[85] Schreiner J, Jansen D, Ectors D, et al. New analytical possibilities for monitoring the phase development during the production of autoclaved aerated concrete [J]. Cement and Concrete Research, 2018, 107: 247-252.

[86] She W, Du Y, Miao C W, et al. Application of organic-and nanoparticle-modified foams in foamed concrete: reinforcement and stabilization mechanisms [J]. Cement and

Concrete Research, 2018, 106: 12-22.

[87] Youssef M B, Lavergne F, Sab K, et al. Upscaling the elastic stiffness of foam concrete as a three-phase composite material [J]. Cement and Concrete Research, 2018, 110: 13-23.

[88] Song Y M, Li B L, Yang E H, et al. Feasibility study on utilization of municipal solid waste incineration bottom ash as aerating agent for the production of autoclaved aerated concrete [J]. Cement and Concrete Composites, 2015, 56: 51-58.

[89] Wongkeo W, Chaipanich A. Compressive strength, microstructure and thermal analysis of autoclaved and air cured structural lightweight concrete made with coal bottom ash and silica fume [J]. Materials Science and Engineering: A, 2010, 527 (16-17): 3676-3684.

[90] Thongtha A, Maneewan S, Punlek C, et al. Investigation of the compressive strength, time lags and decrement factors of AAC-lightweight concrete containing sugar sediment waste [J]. Energy and Buildings, 2014, 84: 516-525.

[91] Liu Y Q, Leong B S, Hu Z T, et al. Autoclaved aerated concrete incorporating waste aluminum dust as foaming agent [J]. Construction and Building Materials, 2017, 148: 140-147.

[92] Zhang X, Yang Q, Shi Y, et al. Effects of different control methods on the mechanical and thermal properties of ultra-light foamed concrete [J]. Construction and Building Materials, 2020, 262: 120082.

[93] Yang L, Yan Y, Hu Z H. Utilization of phosphogypsum for the preparation of non-autoclaved aerated concrete [J]. Construction and Building Materials, 2013, 44: 600-606.

[94] Xia Y Q, Yan Y, Hu Z H. Utilization of circulating fluidized bed fly ash in preparing non-autoclaved aerated concrete production [J]. Construction and Building Materials, 2013, 47: 1461-1467.

[95] Bonakdar A, Babbitt F, Mobasher B. Physical and mechanical characterization of Fiber-Reinforced Aerated Concrete (FRAC) [J]. Cement and Concrete Composites, 2013, 38: 82-91.

[96] Chen B, Liu N. A novel lightweight concrete-fabrication and its thermal and mechanical

properties [J]. Construction and Building Materials, 2013, 44: 691-698.

[97] Falliano D, De Domenico D, Ricciardi G, et al. Experimental investigation on the compressive strength of foamed concrete: effect of curing conditions, cement type, foaming agent and dry density [J]. Construction and Building Materials, 2018, 165: 735-749.

[98] Hajimohammadi A, Ngo T, Mendis P. Enhancing the strength of pre-made foams for foam concrete applications [J]. Cement and Concrete Composites, 2018, 87: 164-171.

[99] Hilal A A, Thom N H, Dawson A R. On entrained pore size distribution of foamed concrete [J]. Construction and Building Materials, 2015, 75: 227-233.

[100] Ibrahim N M, Salehuddin S, Amat R C, et al. Performance of lightweight foamed concrete with waste clay brick as coarse aggregate [J]. APCBEE Procedia, 2013, 5: 497-501.

[101] Jiang J, Lu Z Y, Niu Y H, et al. Study on the preparation and properties of high-porosity foamed concretes based on ordinary Portland cement [J]. Materials & Design, 2016, 92: 949-959.

[102] Kuzielová E, Pach L, Palou M. Effect of activated foaming agent on the foam concrete properties [J]. Construction and Building Materials, 2016, 125: 998-1004.

[103] Makul N, Sua-Iam G. Characteristics and utilization of sugarcane filter cake waste in the production of lightweight foamed concrete [J]. Journal of Cleaner Production, 2016, 126: 118-133.

[104] Namsone E, Šahmenko G, Korjakins A. Durability properties of high performance foamed concrete [J]. Procedia Engineering, 2017, 172: 760-767.

[105] Panesar D K. Cellular concrete properties and the effect of synthetic and protein foaming agents [J]. Construction and Building Materials, 2013, 44: 575-584.

[106] Roslan A F, Awang H, Mydin M A O. Effects of various additives on drying shrinkage, compressive and flexural strength of lightweight foamed concrete (LFC) [J]. Advanced Materials Research, 2012, 626: 594-604.

[107] Chica L, Alzate A. Cellular concrete review: new trends for application in construction [J]. Construction and Building Materials, 2019, 200: 637-647.

［108］Qu X L, Zhao X G. Previous and present investigations on the components, microstructure and main properties of autoclaved aerated concrete-A review ［J］. Construction and Building Materials, 2017, 135: 505-516.

［109］Wang C Q, Lin X Y, Wang D, et al. Utilization of oil-based drilling cuttings pyrolysis residues of shale gas for the preparation of non-autoclaved aerated concrete ［J］. Construction and Building Materials, 2018, 162: 359-368.

［110］Peng Y Z, Liu Y J, Zhan B H, et al. Preparation of autoclaved aerated concrete by using graphite tailings as an alternative silica source ［J］. Construction and Building Materials, 2021, 267: 121792.

［111］Cai Q, Ma B, Jiang J, et al. Utilization of waste red gypsum in autoclaved aerated concrete preparation ［J］. Construction and Building Materials, 2021, 291: 123376.

［112］Song Y M, Guo C C, Qian J S, et al. Effect of autoclave curing on hydration of anhydrite in CFBC fly ash ［J］. Magazine of Concrete Research, 2015, 67 (1): 1-8.

［113］Tang Y Z, Li Y, Shi Y F, et al. Environmental and economic impacts assessment of prebaked anode production process: a case study in Shandong Province, China ［J］. Journal of Cleaner Production, 2018, 196: 1657-1668.

［114］Yuan X L, Tang Y Z, Li Y, et al. Environmental and economic impacts assessment of concrete pavement brick and permeable brick production process-A case study in China ［J］. Journal of Cleaner Production, 2018, 171: 198-208.

［115］朴文华, 陈郁, 张树深, 等. 基于 LCA 方法的水泥企业清洁生产审核 ［J］. 环境科学学报, 2012, 32（7）: 1785-1792.

［116］崔素萍, 黎瑶, 李琛, 等. 水泥生命周期评价研究与实践 ［J］. 中国材料进展, 2016, 35（10）: 761-768＋790.

［117］Teixeira E R, Mateus R, Camões A F, et al. Comparative environmental life-cycle analysis of concretes using biomass and coal fly ashes as partial cement replacement material ［J］. Journal of Cleaner Production, 2016, 112: 2221-2230.

［118］Song D, Yang J, Chen B, et al. Life-cycle environmental impact analysis of a typical cement production chain ［J］. Applied Energy, 2016, 164: 916-923.

［119］Salas D A, Ramirez A D, Rodríguez C R, et al. Environmental impacts, life cycle assessment and potential improvement measures for cement production: a literature review〔J〕. Journal of Cleaner Production, 2015, 113: 114-122.

〔120〕 Kosajan V, Wen Z G, Fei F, et al. The feasibility analysis of cement kiln as an MSW treatment infrastructure: from a life cycle environmental impact perspective〔J〕. Journal of Cleaner Production, 2020, 267: 122113.

〔121〕 杨春峰，肖辉，洪宇，等. 泡沫混凝土墙体生命周期评价研究〔J〕. 沈阳大学学报（自然科学版），2018，30（6）：476-480.

〔122〕 Shi Y F, Li Y, Tang Y Z, et al. Life cycle assessment of autoclaved aerated fly ash and concrete block production: a case study in China〔J〕. Environment Science and Pollution Research, 2019, 26 (25): 25432-25444.

〔123〕 Ren C Z, Wang W L, Yao Y G, et al. Complementary use of industrial solid wastes to produce green materials and their role in CO_2 reduction〔J〕. Journal of Cleaner Production, 2019, 252: 119840.

〔124〕 Wang W L, Wang X J, Zhu J P, et al. Experimental investigation and modeling of sulfoaluminate cement preparation using desulfurization gypsum and red mud〔J〕. Industrial & Engineering Chemistry Research, 2013, 52 (3): 1261-1266.

〔125〕 全国水泥标准化技术委员会. 水泥标准稠度用水量、凝结时间、安定性检验方法：GB/T 1346—2011〔S〕. 北京：中国标准出版社，2012：3.

〔126〕 De la T A G, Aranda M AG. Accuracy in rietveld quantitative phase analysis of portland cements〔J〕. Journal Of Applied Crystallography, 2003, 36 (5): 1169-1176.

〔127〕 Le Saôut G, Kocaba V, Scrivener K. Application of the rietveld method to the analysis of anhydrous cement〔J〕. Cement and Concrete Research, 2011, 41 (2): 133-148.

〔128〕 Álvarez-Pinazo G, Cuesta A, García-Maté M, et al. Rietveld quantitative phase analysis of Yeelimite-containing cements〔J〕. Cement and Concrete Research, 2012, 42 (7): 960-971.

〔129〕 Zhao P Q, Lu L C, Liu X P, et al. Error Analysis and correction for quantitative phase analysis based on rietveld-Internal standard method: whether the minor phases can be ignored？〔J〕. Crystals, 2018, 8 (3): 110.

〔130〕 Calos N J, Kennard C H L, Whittaker A K, et al. Structure of calcium aluminate sulfate

$Ca_4Al_6O_{16}S$ [J]. Journal of Solid State Chemistry, 1995, 119 (1): 1-7.

[131] Saalfeld H, Depmeier W. Silicon-free compounds with sodalite structure [J]. Kristall und Technik, 1972, 7 (1-3): 229-233.

[132] Mumme W G, Hill R J, Bushnellwye G, et al. Rietveld crystal-structure refinements, crystal-chemistry and calculated powder diffraction data for the polymorphs of dicalcium silicate and related phases[J]. Neues Jahrbuch Fur Mineralogie-Abhandlungen, 1995, 169 (1): 35-68.

[133] Colville A A, Geller S. The crystal structure of brownmillerite, Ca_2FeAlO_5 [J]. Acta Crystallographica Section B Structural Crystallography and Crystal Chemistry, 1971, 27 (12): 2311-2315.

[134] Kirfel A, Will G. Charge density in anhydrite, $CaSO_4$, from X-ray and neutron diffraction measurements[J]. Acta Crystallographica Section B Structural Crystallography and Crystal Chemistry, 2010, 36 (12): 2881-2890.

[135] Louisnathan S J. Refinement of the crystal structure of a natural gehlenite, Ca2Al(Al, Si)$_2$O$_7$ [J]. The Canadian Mineralogist, 1971, 10 (5): 822-837.

[136] Brotherton P D, Epstein J M, Pryce M W, et al. Crystal structure of calcium sulphosilicate, $Ca_5(SiO_4)_2SO_4$ [J]. Australian Journal of Chemistry, 1974, 27 (3): 657-660.

[137] Berggren J. Refinement of the crystal structure of dicalcium ferrite, $Ca_2Fe_2O_5$[J]. Acta Chemica Scandinavica, 1971, 25: 3616-3624.

[138] Huo J H, Yu B S, Peng Z G, et al. Thermal control effects and mechanism of slag and fly ash on heat development of cement slurry used in hydrate formation [J]. Journal of Natural Gas Science and Engineering, 2021, 91: 103967.

[139] Chen Z L, Zhang S, Lin X Q, et al. Decomposition and reformation pathways of PCDD/Fs during thermal treatment of municipal solid waste incineration fly ash [J]. Journal of Hazardous Materials, 2020, 394: 122526.

[140] Paulik F, Paulik J, Arnold M. Thermal decomposition of gypsum [J]. Thermochimica Acta, 1992, 200: 195-204.

[141] Yao X L, Yang S Z, Dong H, et al. Effect of CaO content in raw material on the mineral composition of ferric-rich sulfoaluminate clinker [J]. Construction and

Building Materials, 2020, 263: 120431.

［142］ Wu S, Yao Y G, Yao X L, et al. Co-preparation of calcium sulfoaluminate cement and sulfuric acid through mass utilization of industrial by-product gypsum ［J］. Journal of Cleaner Production, 2020, 265: 121801.

［143］ Wu S, Yao X L, Ren C Z, et al. Recycling phosphogypsum as a sole calcium oxide source in calcium sulfoaluminate cement and its environmental effects ［J］. Journal of Environment Management, 2020, 271: 110986.

［144］ Martin L H J, Winnefeld F, Tschopp E, et al. Influence of fly ash on the hydration of calcium sulfoaluminate cement ［J］. Cement and Concrete Research, 2017, 95: 152-163.

［145］ Hu C L, Hou D S, Li Z J. Micro-mechanical properties of calcium sulfoaluminate cement and the correlation with microstructures［J］. Cement and Concrete Composites, 2017, 80: 10-16.

［146］ Yao Y G, Wang W L, Ge Z, et al. Hydration study and characteristic analysis of a sulfoaluminate high-performance cementitious material made with industrial solid wastes ［J］. Cement and Concrete Composites, 2020, 112: 103687.

［147］ Trauchessec R, Mechling J M, Lecomte A, et al. Hydration of ordinary Portland cement and calcium sulfoaluminate cement blends ［J］. Cement and Concrete Composites, 2015, 56: 106-114.

［148］ Hargis C W, Telesca A, Monteiro P J M. Calcium sulfoaluminate (Ye'elimite) hydration in the presence of gypsum, calcite, and vaterite ［J］. Cement and Concrete Research, 2014, 65: 15-20.

［149］ Cuesta A, Álvarez-Pinazo G, Sanfélix S G, et al. Hydration mechanisms of two polymorphs of synthetic ye'elimite ［J］. Cement and Concrete Research, 2014, 63: 127-136.

［150］ Jia L, Zhao F L, Yao K, et al. Bond performance of repair mortar made with magnesium phosphate cement and ferroaluminate cement ［J］. Construction and Building Materials, 2021, 279: 122398.

［151］ 全国水泥标准化技术委员会. 水泥化学分析方法：GB/T 176—2017 ［S］. 北京：中国标准出版社，2018：11.

［152］ Andac O, Glasser F P. Polymorphism of calcium sulphoaluminate (Ca$_4$Al$_6$O$_{16}$ · SO$_3$) and its solid solutions ［J］. Advances in Cement Research, 1994, 6 (22): 57-60.

［153］ Rada S, Dehelean A, Culea E. FTIR, Raman, and UV-Vis spectroscopic and DFT investigations of the structure of iron-lead-tellurate glasses ［J］. Journal of Molecular Modeling, 2011, 17 (8): 2103-2111.

［154］ Julphunthong P. Synthesizing of calcium sulfoaluminate-belite (CSAB) cements from industrial waste materials ［J］. Materials Today: Proceedings, 2018, 5 (7): 14933-14938.

［155］ Montes M, Pato E, Carmona-Quiroga P M, et al. Can calcium aluminates activate ternesite hydration？ ［J］. Cement and Concrete Research, 2018, 103: 204-215.

［156］ 郭勇，苏慕珍，邓君安，等. 铁铝酸盐水泥中铁相形成机理的研究 ［J］. 硅酸盐学报，1988（6）：481-488.

［157］ Bullerjahn F, Schmitt D, Haha M B. Effect of raw mix design and of clinkering process on the formation and mineralogical composition of (ternesite) belite calcium sulphoaluminate ferrite clinker ［J］. Cement and Concrete Research, 2014, 59: 87-95.

［158］ Yan B, Ma L P, Xie L G, et al. Reaction mechanism for iron catalyst in the process of phosphogypsum decomposition ［J］. Industrial & Engineering Chemistry Research, 2013, 52 (49): 17383-17389.

［159］ 郭勇，苏慕珍，邓君安，等. 铁铝酸盐水泥中铁相水化特征的研究 ［J］. 硅酸盐学报，1989，17（4）：296-301.

［160］ Andac O, Glasser F P. Polymorphism of calcium sulphoaluminate (Ca$_4$Al$_6$O$_{16}$•SO$_3$) and its solid solutions ［J］. Advances in Cement Research, 1994, 6 (22): 57-60.

［161］ Bullerjahn F, Zajac M, Haha M B. CSA raw mix design: effect on clinker formation and reactivity ［J］. Materials and Structures, 2015, 48: 3895-3911.

［162］ Chen I A, Juenger M C G. Synthesis and hydration of calcium sulfoaluminate-belite cements with varied phase compositions ［J］. Journal of Materials Science, 2011, 46 (8): 2568-2577.

［163］ Wang W L, Li G L, Zhou L Z, et al. Thermodynamic data calculation for iron phases in sulfoaluminate cementitious materials prepared using solid wastes ［J］. Chinese Journal of Chemical Engineering, 2019, 27 (12): 2989-2993.

［164］ Wang W L, Wang P, Ma C Y, et al. Calculation for mineral phases in the calcination of desulfurization residue to produce sulfoaluminate cement[J]. Industrial & Engineering Chemistry Research, 2010, 49 (19): 9504-9510.

[165] Wen Y, Shao J, Chen D. Calculation of standard free energies of formation of oxyacid salt minerals [J]. Chinese Journal of Geology, 1978, 13 (4): 348-357.

[166] 全国水泥标准化技术委员会. 混凝土外加剂匀质性试验方法：GB/T 8077—2012 [S]. 北京：中国标准出版社，2013：8.

[167] Su T, Kong X M, Tian H W, et al. Effects of comb-like PCE and linear copolymers on workability and early hydration of a calcium sulfoaluminate belite cement[J]. Cement and Concrete Research, 2019, 123: 105801.

[168] 刘从振，范英儒，王磊，等. 聚羧酸减水剂对硫铝酸盐水泥水化及硬化的影响[J]. 材料导报，2019，33（4）：625-629.

[169] Plank J, Hirsch C. Impact of zeta potential of early cement hydration phases on superplasticizer adsorption[J]. Cement and Concrete Research, 2007, 37 (4): 537-542.

[170] Yoshioka K, Tazawa E I, Kawai K, et al. Adsorption characteristics of superplasticizers on cement component minerals [J]. Cement and Concrete Research, 2002, 32 (10): 1507-1513.

[171] Zhang Y R, Luo X, Kong X M, et al. Rheological properties and microstructure of fresh cement pastes with varied dispersion media and superplasticizers [J]. Powder Technology, 2018, 330: 219-227.

[172] Zhang Y R, Kong X M, Lu Z B, et al. Effects of the charge characteristics of polycarboxylate superplasticizers on the adsorption and the retardation in cement pastes [J]. Cement and Concrete Research, 2015, 67: 184-196.

[173] Atahan H N, Jr C C, Chae S, et al. The morphology of entrained air voids in hardened cement paste generated with different anionic surfactants [J]. Cement and Concrete Composites, 2008, 30 (7): 566-575.

[174] Hrbek V, Petráňová V, Němeček J. Enhancing engineered cementitious composite by external and internal hydrophobization [J]. Key Engineering Materials, 2016, 677: 57-63.

[175] Klisińska-Kopacz A, Tišlova R. Effect of hydrophobization treatment on the hydration of repair Roman cement mortars [J]. Construction and Building Materials, 2012, 35: 735-740.

［176］ Izaguirre A, Lanas J, Álvarez J I. Effect of water-repellent admixtures on the behaviour of aerial lime-based mortars ［J］. Cement and Concrete Research, 2009, 39 (11): 1095-1104.

［177］ Li Y X, Chen Y M, Wei J X, et al. A study on the relationship between porosity of the cement paste with mineral additives and compressive strength of mortar based on this paste ［J］. Cement and Concrete Research, 2006, 36 (9): 1740-1743.

［178］ Ma B G, Peng Y, Tan H B, et al. Effect of hydroxypropyl-methyl cellulose ether on rheology of cement paste plasticized by polycarboxylate superplasticizer ［J］. Construction and Building Materials, 2018, 160: 341-350.

［179］ 欧志华, 刘广, 黄春华, 等. 纤维素醚改性水泥浆的粘度变化研究［J］. 材料导报, 2016, 30 (14): 135-139.

［180］ Pourchez J, Peschard A, Grosseau P, et al. HPMC and HEMC influence on cement hydration ［J］. Cement and Concrete Research, 2006, 36 (2): 288-294.

［181］ Ou Z H, Ma B G, Jian S W. Influence of cellulose ethers molecular parameters on hydration kinetics of Portland cement at early ages ［J］. Construction and Building Materials, 2012, 33: 78-83.

［182］ 全国绝热材料标准化技术委员会. 绝热材料稳态热阻及有关特性的测定　防护热板法：GB/T 10294—2008 ［S］. 北京：中国标准出版社，2009：4.

［183］ 全国轻质与装饰装修建筑材料标准化技术委员会. 建筑石膏相组成分析方法：GB/T 36141—2018 ［S］. 北京：中国标准出版社，2019：4.

［184］ Fu H L, Huang J S, Yin L W, et al. Retarding effect of impurities on the transformation kinetics of FGD gypsum to α-calcium sulfate hemihydrate under atmospheric and hydrothermal conditions ［J］. Fuel, 2017, 203: 445-451.

［185］ Navarrete I, Vargas F, Martinez P, et al. Flue gas desulfurization (FGD) fly ash as a sustainable, safe alternative for cement-based materials ［J］. Journal of Cleaner Production, 2020, 283: 124646.

［186］ Cui Y, Wang D M, Zhao J H, et al. Effect of calcium stearate based foam stabilizer on pore characteristics and thermal conductivity of geopolymer foam material［J］. Journal of Building Engineering, 2018, 20: 21-29.

［187］ 全国水泥标准化技术委员会. 水泥胶砂流动度测定方法：GB/T 2419－2005 ［S］. 北京：中国标准出版社，2005：8.

［188］全国水泥标准化技术委员会. 硫铝酸盐水泥：GB/T 20472—2006［S］. 北京：中国标准出版社，2007：2.

［189］Ren C Z, Wang W L, Mao Y P, et al. Comparative life cycle assessment of sulfoaluminate clinker production derived from industrial solid wastes and conventional raw materials ［J］. Journal of Cleaner Production, 2017, 167: 1314-1324.

［190］Li C, Nie Z R, Cui S P, et al. The life cycle inventory study of cement manufacture in China ［J］. Journal of Cleaner Production, 2014, 72: 204-211.